HÄDECKE

NATUR & GENUSS

Die 12 wichtigsten essbaren Wildpflanzen bestimmen, sammeln und zubereiten

Dr. Markus Strauß

Danksagung

Herzlichen Dank an meine Freundin Reina Hartung für die vielen schönen gemeinsamen Jahre, die intensiven Gespräche und die immerwährende Inspiration.

Hinweise

Die hier genannten Pflanzeninformationen wurden sorgfältig recherchiert und nach bestem Wissen und Gewissen wiedergegeben. Die Hinweise zu den Heilwirkungen der Pflanzen ersetzen aber in keinem Fall den Rat und die Hilfe eines Arztes oder Heilpraktikers. Der Verlag und der Autor übernehmen keine Haftung für Schäden, die durch unsachgemäße Anwendung der dargestellten Behandlungs- und Zubereitungsmethoden oder durch falsche Nutzung der Wildpflanzen entstehen, und übernehmen auch keinerlei Verantwortung für medizinische Forderungen.
Die Sammlung und Ernte der hier vorgestellten essbaren Pflanzen sollte weder in Naturschutzgebieten noch am Rande stark befahrener Straßen erfolgen.

Impressum

aktualisierte und erweiterte Neuausgabe
4 | 2024

Redaktion & Lektorat: Julia Genazino

Bildnachweis: Alle Pflanzen-, Natur- und Foodfotos © Michael Brem, Leonberg, bis auf folgende Ausnahmen: hintere Umschlagklappe: Maximilian Gall; S. 7 und 11 © Birgit Matz; Abbildungen istockphoto.com: S. 14 (© kbwills), S. 15 unten (© Jonas Rönnbro), S. 17 oben (© joannatkaczuk), S. 17 unten (© Kamadie), S. 18 unten (© lenalir), S. 19 unten (© seven75), S. 20 (© Andreas Weber), S. 60 © imagebroker; S. 75 (© Errol Brown) / OKAPIA; S. 62 imagebroker / OKAPIA, S. 68 © Régis Cavignaux / BIOS / OKAPIA; S. 70 © Hans Reinhard / OKAPIA; alle historischen Illustrationen: © Biolib, Kurt Stueber, Köln, mit Ausnahme von S. 47: © Carl Axel Magnus Lindman „Bilder ur Nordens Flora", Stockholm

Gestaltung, Grafiken und Satz: Julia Graff, Hädecke Verlag (Florale Illustrationen nach Vorlage von www.idealhut.com, Icons unter Verwendung einer Grafik von vecteezy.com)

Gesetzt aus der Zag (Svetoslav Simov/Fontfabric) und Relato Sans (Eduardo Manso/Emtype Foundry)

Printed 2024 in EU
Die Buchreihe „Natur & Genuss" besteht aus FSC®-zertifizierten und anderen kontrollierten Materialien.
ISBN 978-3-7750-0799-3

Inhalt

Vorwort

Essbare Wildpflanzen sind heute wieder „in aller Munde" – der Genuss von Wildgemüse erlebt in den letzten Jahren eine Renaissance. Dabei spielen ganz unterschiedliche Motive eine Rolle: die Suche nach natürlichen und gesunden Lebensmitteln, der unmittelbare Kontakt zur Natur oder schlicht und einfach das Ziel, Geld zu sparen.

Das Sammeln von Wildgemüse ist keine Erfindung unserer Zeit, sondern so alt wie die Menschheit. Über viele Millionen Jahre sicherte das Jagen und Sammeln die Existenzgrundlage der Bevölkerung. Und wenn der Jagderfolg einmal ausblieb: Essbare Wildpflanzen standen dem Menschen immer zur Verfügung. Das Wissen, wie man pflanzliche Nahrung beschafft und zubereitet, war die „Lebensversicherung" unserer Urahnen.

Erst vor einigen Tausend Jahren gingen die Menschen dazu über, an einem Ort sesshaft zu werden, um von Ackerbau und Viehzucht zu leben. Es wurde zwar weiterhin gejagt und gesammelt, aber im Lauf der Zeit verlor sich die wirtschaftliche und kulturelle Bedeutung der einstigen Lebensform. Die Kenntnisse über die Verwendung heimischer Wildgemüse und Heilpflanzen konzentrierten sich zunehmend auf wenige „eingeweihte" Personen, wie im Mittelalter zum Beispiel *Hildegard von Bingen* – bevor diese in der Neuzeit als Folge der Industrialisierung fast vollständig erloschen.

Doch am Ende des 19. und zu Beginn des 20. Jahrhunderts formierte sich eine Gegenbewegung: Heilpflanzenkundige Persönlichkeiten wie *Pfarrer Kneipp, Maria Treben* oder *Johann Künzle* knüpften an das alte Wissen um die Schätze der Natur an und machten es ihren Zeitgenossen wieder zugänglich. Auch die Begründer der Reformhausbewegung und des Vegetarismus spielten dabei eine wichtige Rolle.
Als dann in Folge von Weltwirtschaftskrise und Zweitem Weltkrieg große Teile der Bevölkerung Not und Hunger litten, bekam das Thema essbare Wildpflanzen wieder existenzielle Bedeutung. Leider bildete sich zu dieser Zeit aber auch das negative Image des „Arme-Leute-Essens" und verfälschte den objektiven Blick auf die offensichtlichen Qualitäten von Brennnessel, Vogelmiere & Co. Mit dem einsetzenden Wirtschaftswunder wandten sich die Menschen vermeintlich besseren Lebensmitteln zu. Dieser Trend hielt bis in die 1990er-Jahre an. Das Wissen um die Artenkenntnis und die Zubereitungsmöglichkeiten der essbaren Wildpflanzen geriet dabei aufs Neue fast vollständig in Vergessenheit.

Hier und heute erfährt die wilde Kost eine Wiederbelebung in unserer Kultur. Selbst in der gehobenen Gastronomie wird sie von Gourmetköchen auf kreative Weise umgesetzt – und von manchem als exotisches Erlebnis genossen. „Exotisch" ist es nur deshalb, weil Mangos aus Brasilien und Zitronengras aus Thailand heute im Supermarktangebot zum Standard gehören, während Giersch und Wegerich unerkannt und unbeachtet oft direkt neben dem Parkplatz eben dieses Supermarkts wachsen.

Wiederkehrende Skandale um die Qualität industriell hergestellter Nahrungsmittel führten bei vielen Verbrauchern zu einer dauerhaften Vertrauenskrise und neuen Konsumgewohnheiten. Der Bio-Boom der letzten 30 Jahre schuf ein größeres Bewusstsein für naturreine Produkte regionaler Herkunft, fast ausgestorbene Obst- und Gemüsesorten und sortenreines Saatgut ohne Gentechnik. Wer ursprüngliche, natürliche und hoch qualitative Lebensmittel sucht, findet gerade in essbaren Wildpflanzen eine echte Alternative.

Immer mehr Menschen wollen sich selbst aktiv um ihre Gesundheit kümmern und weniger von einem Gesundheitssystem abhängig sein, das am Umsatz mit Medikamenten interessiert ist. Das Thema „essbare Wildpflanzen" schenkt uns dafür ganz neue Möglichkeiten: Jedes Wildgemüse ist zugleich eine Heilpflanze und besitzt ureigene medizinische Eigenschaften. Hier wird der Leitsatz des Hippokrates wieder aktuell: „Eure Nahrungsmittel sollen Eure Heilmittel und Eure Heilmittel Eure Nahrungsmittel sein."

Gegenwärtig erleben wir weltweite Finanz- und Wirtschaftskrisen. Viele Menschen fühlen sich von Arbeitslosigkeit, sozialem Abstieg, ja vom Zusammenbruch des gesamten Wirtschaftssystems bedroht und suchen nach Möglichkeiten, im Ernstfall unabhängiger leben zu können. Die Anzahl derer, die am Rand der Leistungsgesellschaft stehen und ihren Lebensunterhalt mit Harz IV, einer kleinen Rente oder anderen Sozialleistungen bestreiten müssen, wächst beständig. Das Gratisangebot an frischen Lebensmitteln aus der Natur kann hier eine willkommene und naheliegende Unterstützung sein!

Abgesehen von ernsthaften wirtschaftlichen Beweggründen bietet das Sammeln und Zubereiten von Wildpflanzen eine sinnvolle und genussreiche Beschäftigung. Oft genügt es uns nicht mehr, nur noch Konsumenten vorgefertigter Waren zu sein. Wir wollen wieder selbst den Weg zum Ursprünglichen finden und dabei aktiv und kreativ werden. Es macht einfach Spaß, draußen zu sein – und Wildgemüse zu sammeln ist ein wunderbarer Grund für einen ausgiebigen Spaziergang. Auch Kinder erleben hier Freude und einen neuen, unmittelbaren Zugang zur Natur. Dazu braucht es nur einen Korb oder eine Stofftasche, eine Schere und ein Fachbuch wie dieses – und los geht's.

Es gibt also reichlich gute Gründe, sich mit wilden essbaren Pflanzen näher zu befassen. Viele meiner Seminarteilnehmer erzählen von ihren ganz persönlichen Motiven, mehr über diese Form der Ernährung lernen zu wollen. Die meisten berichten davon, dass sie sich bei Spaziergängen schon oft gefragt haben, wie diese oder jene Pflanze heißt, ob sie essbar ist, wie sie schmeckt und welche medizinischen Wirkungen sie wohl hat. Viele jedoch, auch die naturverbundenen unter ihnen, hielt bis dahin eine Art Schwellenangst davon ab, einmal mehr als nur ein paar Blättchen Bärlauch für den Kräuterquark zu pflücken. Es ist mein Anliegen, Ihnen diese Angst zu nehmen.

Indem wir uns heute wieder diesem archaischen Thema zuwenden, kehren wir auch ein Stück zu unseren eigenen Wurzeln zurück. Bei der Beschäftigung mit den essbaren Wildpflanzen geht es um weit mehr als nur um gesunde oder preisgünstige Nahrung: Eine tragende Rolle spielt unsere Verbundenheit mit der Natur und das Gefühl wahrhafter Ursprünglichkeit. Wer sich mit essbaren Wildpflanzen auskennt, kann sich überall als Gast der Natur willkommen fühlen und damit ein Stück weit unabhängiger, sicherer und gelassener durchs Leben gehen.

In diesem Sinne: Viel Vergnügen beim Sammeln und einen guten Appetit!

Ihr Markus Strauß

Einführung

Wildpflanzen müssen sich, ohne die schützende Hand eines Gärtners oder Bauers, alleine auf sich gestellt an ihrem Standort gegen Wind und Wetter, die Konkurrenz anderer Pflanzen und gegen Fraßfeinde aus dem Tierreich behaupten. Das Ergebnis dieses Prozesses ist eine unglaubliche Vitalität und Widerstandskraft!

Im Vergleich mit unseren Kulturgemüsesorten enthalten Wildpflanzen oft ein Vielfaches an Vitaminen, Mineralstoffen und Spurenelementen. Außerdem beinhalten sie wertvolle sekundäre Pflanzenstoffe wie ätherische Öle, Bitterstoffe und Enzyme. Wildgemüse ist daher eine echte Bereicherung für unseren Speiseplan.

Vergleich von Kulturgemüse und Wildgemüse*	Wassergehalt in %	Eiweiß g/100g	Kalium · *K* mg/100g	Phosphor · *P* mg/100g	Magnesium · *Mg* mg/100g	Calcium · *Ca* mg/100g	Eisen · *Fe* mg/100g	Vitamin C mg/100g	Provitamin A (Beta-Carotin); in µg Retinoläquivalenten/100g
Chinakohl	95,4	1,3	202	0	11	40	0,6	36	13
Weißkraut	92,1	0,2	227	27,5	23	46	0,5	46	7
Kopfsalat	95,0	0,6	224	33	11	37	1,1	13	130
Spinat	91,6	2,1	**633**	55	58	126	4,1	52	700
Gänseblümchen	87,5	2,6	600	88	33	190	2,7	87	160
Brennnessel	**84,8**	5,9	410	**105**	**71**	**630**	**7,8**	**333**	**740**
Giersch	87,2	**6,7**	510	88	67	230	4,3	201	684
Löwenzahn	89,9	3,3	590	68	23	50	1,2	115	384

* Quellen: W. Franke, Wildgemüse (AID 1987, Seite 8–11) und Hamburgische Landwirtschaft und Forsten (Stand 2010): Werte für Giersch (Wasser, K, P, Mg, Ca, Fe) und Löwenzahn (Provitamin A).

Die in diesem Buch vorgestellten Wildpflanzen sind leicht und sicher zu erkennen. Die Beschreibungen und Fotos ergeben unverwechselbare Pflanzenporträts – auch für den botanischen Laien. Alle diese Pflanzen sind nahezu überall im deutschsprachigen Raum in großer Anzahl zu finden. Es wurde darauf geachtet, dass sich die Pflanzen durch eine lange Erntesaison auszeichnen – oder dem Sammler mit unterschiedlichen Pflanzenteilen sogar ganzjährig zur Verfügung stehen.

Was Sie zum Sammeln brauchen? Gar nicht so viel, wie Sie vielleicht denken. In erster Linie ist es die Bereitschaft, öfter hinaus in die Natur zu gehen und diese einmal mit anderen Augen zu betrachten. Wichtig dabei ist, einen Bezug zu „Ihren" essbaren Wildpflanzen in Ihrer unmittelbaren Heimat herzustellen. Wählen Sie zu Beginn einige wenige Pflanzen aus und lernen Sie deren Werden und Vergehen im Lauf der Jahreszeiten genau kennen. So finden Sie heraus, wann Sie an welcher Stelle junge Blätter, Sprossen, Blüten, Samen, Wurzeln oder Früchte sammeln können.

Auf Wildpflanzen ist Verlass: Sie gedeihen jedes Jahr. Sähen, pikieren, bewässern, düngen, hacken und jäten – das alles entfällt, man muss nur ernten! Schauen Sie sich doch einfach in Ihrer direkten Umgebung noch einmal neu um: Was wächst dort unter

Nähr- und Vitalstoffe in essbaren Wildpflanzen	Bärlauch	Breitwegerich	Brennnessel	Gänseblümchen	Gänsedistel	Giersch	Knoblauchsrauke	Löwenzahn	Vogelmiere	Schmalblättriges Weidenröschen	Roter Wiesen-Klee	Wiesen-Labkraut
Kohlenhydrate	• Z	• S	•• S					•• W			• Bl	
Fette/Öle		••• S	••• S				•••					
Eiweiß			•••	•		•••	•	••			•	
Ballaststoffe	••	••• S, B	•••	•••	••	••	••	••	•	•••	••	••
Mineralstoffe	•••	•••	•••	•••	••	•••	•••	•••	•••	••	••	••
Spurenelemente	•••	•••	•••	•••	••	•••	••	•••	•••	••	••	••
Provitamin A (Beta-Carotin)			••	•		••	•••		••	••	•••	
Vitamine der B-Gruppe		•••					•		•••			
Vitamin C	•••	••	•••	•	••	•••	•••	••	•	•••	•	•
Vitamin E			••• S, B				••					
Sekundäre Pflanzenstoffe	•••	•••	•••	•••	•••	•••	•••	•••	•••	•••	•••	•••

• = in für die Ernährung relevanten Mengen, •• = in sehr großen Mengen, ••• = in außergewöhnlich großen Mengen
Sofern nicht anders gekennzeichnet: **B** in den Blättern, **Bl** in den Blüten, **S** in den Samen, **W** in den Wurzeln, **Z** in der Zwiebel.

dem Gebüsch, am Wegesrand oder in der Hecke? Welche „Unkräuter" in meinem Garten kann ich in Zukunft einfach essen? Wachsen auf meinem Rasen Löwenzahn, Gänseblümchen und Breitwegerich?

Der zweite Band der Reihe „Natur & Genuss" widmet sich den Waldfrüchten, wie Eicheln, Bucheckern und Esskastanien („Köstliches von Waldbäumen"). Damit ist auch die Versorgung mit Kohlenhydraten, Proteinen und Fetten aus der Natur sichergestellt und selbst die ganz hungrigen Wildpflanzen-Liebhaber können wirklich satt werden. Im dritten Band „Köstliches von Hecken und Sträuchern" geht es um die Früchte und andere essbare Anteile dieser spannenden Pfllanzen, die zudem einem aktiven Naturschutz mit all ihren dort lebenden Tieren dienen. Ob Felsenbirne, Kornelkirsche oder Schlehe – sie bieten mit ihren gesundheitsfördernden Inhaltsstoffen eine überraschende Alternative zum üblichen Obstangebot. „Köstliches von Sumpf- und Wasserpflanzen" bringt als Vierter im Bunde die Pflanzen in Feuchtgebieten näher - wie die Brunnenkresse, Mädesüß oder Wiesen-Bärenklau, die üppig wachsen und das Spektrum der essbaren Wildpflanzen erweitern.

Eine sinnvolle Integration der wilden Vielfalt in den eigenen Garten ermöglicht der fünfte Band mit dem Titel „Die 12 besten Beeren aus Wildsammlung und aus dem Garten". Aronia, Mahonie und Maulbeere als auch Altbekanntes wie Brombeere, Heildelbeere oder Preiselbeere munden nicht nur köstlich als wilde Früchte. Sie sind auch für den Eigenanbau hervorragend geeignet. Hilfreiche Tipps und Sortenempfehlungen ermöglichen die Umsetzung.

Eine Ernährung mit essbaren Wildpflanzen ist nicht nur besonders gesund, sondern auch vollwertig und reichhaltig, kann abwechslungsreich gestaltet werden – und ist außerordentlich lecker!

Praktische Tipps zum Sammeln und Zubereiten

Ideale Orte zum Sammeln sind ungedüngte Streuobstwiesen, Waldränder und ruhige Waldwege sowie verwildertes Ödland und Gebüsche. Dagegen kommen konventionell bewirtschaftete Felder aufgrund der dort eingesetzten Spritzmittel wie Pestizide (Stichwort: Glyphosat) und gedüngte Wiesen (Gülle) samt deren unmittelbarer Umgebung für die Ernte essbarer Wildpflanzen nicht in Frage. Dasselbe gilt für die Nähe viel befahrener Straßen und für öffentliche Grünanlagen – auch von Hunden gern besucht.

Das Sammeln essbarer Wildpflanzen in der Natur ist erlaubt und legal. In Deutschland darf man laut Bundesnaturschutzgesetz „geringe Mengen für den persönlichen Bedarf pfleglich entnehmen". Von diesem Recht ausgeschlossen sind Pflanzen, die laut Bundesartenschutzverordnung unter Naturschutz stehen. Dabei bedeutet „besonders geschützt", dass man keine Wurzeln, Wurzelstöcke, Zwiebeln oder Rosetten sammeln darf; „streng geschützt" heißt, dass gar keine Pflanzenteile mitgenommen werden dürfen. Auch die bedrohten Wildpflanzen der Roten Listen des Bundes und der Bundesländer muss man natürlich stehen lassen. Ein Sammelverbot besteht zudem in Naturschutzgebieten, Nationalparks, auf privatem Gelände und teilweise in öffentlichen Parks. Ansonsten sind zum Schutz der Natur folgende Regeln sinnvoll: nur so viel sammeln, wie auch wirklich verarbeitet werden kann, genügend Pflanzen stehen lassen, damit ihr Fortbestand am jeweiligen Standort gesichert ist, möglichst nur Teile einer Pflanze sammeln (z.B. nur ein bis zwei Blätter pro Pflanze beim Bärlauch), gerade bei Wurzeln und Samen das rechte Maß nicht überschreiten und nicht unnötig abseits der Wege „herumtrampeln". In diesem Buch werden selbstverständlich nur Pflanzen vorgestellt, die nicht unter Naturschutz stehen. Dennoch sollte man sich als Sammler immer über den Schutzstatus der Pflanzen vorab informieren.

Gartenbesitzer haben die Möglichkeit, durch kontrolliertes Verwildern geeigneter Bereiche im eigenen Garten reichlich Wildgemüse zu ernten: Statt regelmäßigem Rasenmähen genügt es, diese Flächen drei- bis maximal fünfmal pro Jahr mit einer Sichel oder Sense zu mähen. Durch diese Mahd – also das Mähen der Grünfläche – hält man die Pflanzen im Blattbildungsstadium fest und versetzt sie sozusagen in den „ewigen Frühling". Denn der Schwerpunkt der Pflanzenentwicklung liegt im Jahresverlauf zunächst bei der Blattbildung, gefolgt von der Blüte und der Produktion von Samen. Besonders Brennnessel, Giersch und Wiesen-Labkraut wachsen so immer wieder bis in den späten Herbst hinein frühlingszart nach. Wird hingegen zu oft gemäht, werden die Wildgemüse von Gräsern oder anderen Pflanzen verdrängt, die an diese Situation besser angepasst sind. Die drei- bis fünfmalige Mahd (und damit der Verzicht auf Blüte und Samenbildung) schadet dem Bestand nicht, da sich die Pflanzen noch vegetativ durch Wurzelausläufer vermehren können.

Blätter und Blüten sammelt man am besten morgens nach dem Abtrocknen des Taus. Der Gehalt an Nähr- und Vitalstoffen ist zu dieser Tageszeit am höchsten. Pressen Sie Ihre Ernte nicht in Plastiktüten oder luftdichte Dosen, sondern legen Sie die Pflanzen luftig und locker in einen Korb oder einen Stoffbeutel – dann kommen sie nicht ins Schwitzen.

Pflücken Sie nur saubere Pflanzenteile und entfernen Sie am besten gleich an Ort und Stelle Verunreinigungen wie Erde, abgestorbenes Pflanzenmaterial oder versehentlich mitgeerntete Pflanzenteile anderer Arten. Wer auf diese Art und Weise draußen schon sorgfältig vorarbeitet, spart sich anschließend in der Küche das Aussortieren des Sammelguts. Zudem muss das Pflanzenmaterial dann auch nicht so lange gewässert werden – was den Verlust von wertvollen wasserlöslichen Vitaminen begrenzt. Zu Hause angekommen, beginnen Sie am besten bald mit der Verarbeitung Ihrer Ernte, sodass Sie in den Genuss möglichst aller Vitamine und Vitalstoffe kommen.

Die Rezeptideen im Buch sollen lediglich eine Orientierung sein und sind bewusst knapp gehalten. Es wird Ihnen im Lauf der Zeit leicht fallen, eigene Kreationen zu entwickeln. Auf Mengenangaben und detaillierte Zubereitungstechniken wurde zugunsten der Informationen zu den Pflanzen verzichtet. Die meisten Zubereitungen sind ähnlich wie für Spinat oder andere Blattgemüse. An dieser Stelle möchten wir auf die Vielzahl an Kochbüchern verweisen, in denen Platz für solche Hinweise ist. Am Ende des Buches finden Sie eine kleine Auswahl. Noch eine Anmerkung zur Verwendung von Rohrohrzucker in den Rezepten: Da weißer Zucker als Vitalstoffräuber bekannt ist, wäre es schade, diesen bei den vor Vitalstoffen strotzenden Wildpflanzen zu verwenden. Aus diesem Grund steht Rohrohrzucker als Süßungsmittel in den Rezepten. Natürlich kann auch Kokosblütenzucker verwendet werden. Noch besser sind heimischer Apfel- oder Birnendicksaft. Die Süße des Birnendicksaftes ist geschmacklich eher neutral, der Apfeldicksaft bringt eine leichte, fruchtige Säurenote mit. Der „Verzicht" auf weißen Rübenzucker stellt sicherlich eine Umstellung dar, die sich aber lohnt.

Zur Einschätzung der Garzeiten geben die obigen Abbildungen eine kleine Hilfestellung, je nach Erntezeitpunkt und Alter der Blätter sind diese entsprechend anzupassen. Als Faustregel gilt: Pflanzen, die im Frühjahr geerntet werden, haben eine kürzere Garzeit als solche, die man im Sommer oder Herbst sammelt. Unabhängig von der Jahreszeit sind jüngere Blätter immer kürzer zu garen als ältere. Darüber hinaus ergeben sich durch die Pflanzenstruktur und den Bitterstoffgehalt verschiedene Garzeiten.

Hier noch ein Tipp für alle, die das Thema neu für sich entdeckt haben: Wie in den Tabellen auf Seite 8 und 9 gezeigt, enthalten Wildgemüse im Vergleich zu den heutigen Kulturgemüsesorten meist ein Vielfaches an Inhaltsstoffen. Zudem wurden beim Kulturgemüse im Verlauf der Züchtung manche der zwar äußerst gesunden, aber bitter schmeckenden Inhaltsstoffe gezielt weggezüchtet. Im Allgemeinen wirken die Wildgemüse stimulierend auf unser Verdauungssystem und fördern die Entgiftungs- und Ausscheidungsfunktionen. Dennoch ist es für Menschen mit einem empfindlichen Magen besser, diesen schrittweise an die noch ungewohnte Kost heranzuführen. Beginnen Sie anfangs mit kleineren Mengen und steigern Sie diese in Ihrem eigenen Tempo – so werden sich sowohl Ihre Geschmacksnerven als auch Ihr Verdauungssystem an die essbaren Wildpflanzen gewöhnen und Ihr Körper wird sie zunehmend schätzen lernen.

Tipps zum Anbau

im eigenen Garten und auf dem Balkon

Wildpflanzen aus dem eigenen Garten bieten viele Vorteile: Man kennt den Standort, ist sicher in Bezug auf eventuelle Verwechslungen und muss sich keine Gedanken um mögliche Verunreinigungen machen. Die Pflanzen tragen deutlich zur Biodiversität bei, denn sie bieten nicht nur dem Menschen, sondern vielen Nützlingen Nahrung. Generell kann gesagt werden, dass fast alle Wildpflanzen, die im Garten wachsen, auch auf dem Balkon gedeihen. Wichtig ist, dass die Bedingungen ihres natürlichen Standorts in der Natur dort optimal nachgebildet werden.

Bärlauch

Bärlauchpflanzen findet man im Frühjahr inzwischen in fast jeder Staudengärtnerei als Topfpflanze. Diese eignen sich zum Einstieg besser als das mühsame Aussähen. Im Herbst lassen sich auch frische Bärlauchzwiebeln einpflanzen.
Langfristig braucht der Bärlauch (Seite 20) jedoch seine Freiheit – er liebt feuchte, humose und nährstoffreiche Standorte im lichten Schatten von Laubbäumen oder wenigstens von Sträuchern und Hecken. An solchen Stellen können Sie ihn auch in Ihrem Garten auswildern. Die Bodenbedingungen müssen ihm allerdings zusagen; sauren Boden verträgt er nicht. Es ist ratsam, die Erde zu lockern und mit reichlich reifem Kompost zu düngen. Im Herbst empfiehlt es sich, das Laub der Bäume und Sträucher als natürliche Düngung auf dem Bärlauchstandort zu belassen. Da sich der Bärlauch in der heißen Jahreszeit in seine Zwiebel zurückzieht und an der Oberfläche dadurch unsichtbar wird, muss bei der Gartengestaltung auf passende Nachbarpflanzen geachtet werden, die sich auch im Schatten wohlfühlen und gerade im Sommer schön anzusehen sind. Meine Empfehlung: **Funkien** (*Hosta*), einzelne **Wurmfarne** (*Dryopteris filix-mas*) und **Silberblatt** (*Lunaria*).

Breitwegerich

In einem Naturgarten kann Breitwegerich (Seite 24) auf oft begangenen Wiesenwegen angesiedelt werden, da er typisch für sogenannte Trittrasen ist. Falls er hier nicht ohnehin schon wächst, genügt es, ein paar in der Natur gesammelte Samen auf dem Trampelpfad zu verstreuen. Die gestalterisch ansprechendere Pflanze ist der nahe verwandte **Spitzwegerich** (*Plantago lanceolata*). Dieser kann im sonnigen Stauden- oder Kräuterbeet ebenso gut gedeihen, wie in einem ausreichend großen Pflanzgefäß auf Balkon und Terrasse. Soll die Pflanze hübsch aussehen und regelmäßige Ernten an Blättern und Blütenknospen erlauben, muss regelmäßig gewässert und mit organischem Bio-Dünger oder Kompost gearbeitet werden.

Brennnessel

Haben Sie einen Komposthaufen im Garten? In seiner Nachbarschaft fühlen sich Brennnesseln (Seite 28) wohl, besonders wenn der Komposthaufen im feuchten Schatten eines Baumes oder großen Strauchs versteckt ist. Die Kombination aus **Holunderstrauch** (*Sambucus nigra*), Kompost und Brennnesseln hat sich hier bewährt. Gemeinsam bilden sie im Garten eine für Mensch und Natur interessante Wildnis-Ecke, in der es immer wieder etwas zu sammeln gibt. Einen Teil der Brennnesseln sollten Sie stehen und auswachsen lassen, da die Raupen von ca. 40 Schmetterlingsarten die Brennnessel als Nahrungspflanze nutzen, zum Beispiel auch das bunte **Tagpfauenauge**.

Als Topfpflanze ist die Brennnessel zwar ungewöhnlich, doch es ist nicht unmöglich, sie so zu kultivieren. Allerdings benötigt die Pflanze etwas Aufmerksamkeit: nährstoffreiche Erde sowie regelmäßige Bio-Dünger- und Wassergaben.

Gänseblümchen

Lassen Sie Ihren pflegeintensiven, möglicherweise englischen Rasen bewusst kontrolliert verwildern! Gänseblümchen (Seite 32) gedeihen hier von selbst. Bewusst verwildern heißt in diesem Zusammenhang: weniger oft mähen, die Blümchen ausblühen und Samen bilden lassen. Dies hilft dann nicht nur den Gänseblümchen, sondern auch anderen Wildblumen – und damit (in der Nahrungspyramide eins höher stehend) wiederum Bienen, Hummeln und anderen Insekten, die Gänseblümchen ebenfalls lieben. Rasendünger und Unkrautvernichter gegen krautig wachsende Pflanzen sind natürlich tabu ...
Auf dem Balkon fühlen sich die leckeren Pflänzchen auch recht wohl, aber Staunässe muss auf jeden Fall vermieden werden. Für den Balkon eignen sich am besten Bio-Sämereien zum Selberziehen (Aussaat von Frühjahr bis September).

Gänsedistel

Sollte sich in Ihren Gemüsebeeten die eine oder andere Gänsedistel ansamen – wachsen lassen! So einfach geht das mit dem Anbau von Wildgemüse. Die Gänsedistel ist als Korbblütler mit ihren Pusteblumen-Fallschirm-Samen, ähnlich wie ihr naher Verwandter, der **Löwenzahn** (siehe gegenüber und Seite 50), immer mit von der Partie, wenn es um die schnelle Begrünung von unnatürlich nacktem Erdreich geht.
Durch ihre geniale Verbreitung wachsen Sie auch meist ganz von selbst in Kästen und Kübeln auf dem Balkon.

Giersch

Giersch (Seite 40) ist die ideale Unterpflanzung von **Himbeeren** und anderen **Beerensträuchern**. Schauen Sie beim nächsten Spaziergang, wie das die Natur vormacht: Hier finden Sie auch diese Kombination aus Beeren und Bodendeckern wie Giersch, **Gundermann** (*Glechoma hederacea*) oder **Taubnesseln** (*Lamium*).

Wer dessen Auswilderung im Garten nicht riskieren möchte, kann auch ein Hochbeet mit Humuserde anlegen und dieses mit Wurzelstückchen der Gierschpflanze „impfen". Ideal ist ein halbschattiger Standort und ständige Durchfeuchtung des Bodens. Solch ein Gierschbeet wird üppig sprießen, aber die Wurzelrhizome können sich darüber hinaus nicht ausbreiten. Wird das schmackhafte Blattgemüse regelmäßig gestutzt und kommen die Pflanzen nicht zur Blüte, wachsen bis Ende Oktober ständig neue Blätter nach.

Knoblauchsrauke

Sammeln Sie bei einem Ihrer sommerlichen Waldspaziergänge ein paar Schoten mit Samen der Knoblauchsrauke und verstreuen Sie die kleinen Körnchen in den gleichen halbschattigen, feucht-humosen Bereichen Ihres Gartens, die auf Seite 14 f. schon beim Bärlauch und der Brennnessel beschrieben wurden oder unten noch beim Weidenröschen (Seite 18) genannt werden. Denn hier fühlt sich auch die würzige Knoblauchsrauke wohl!
Als Topfpflanze ist sie nur in größeren Gefäßen mit entsprechender Humuserde, regelmäßiger Wasserversorgung und an halbschattigem Standort ertragreich.

Löwenzahn

Als Topfpflanze benötigt der Löwenzahn (Seite 50) mit seiner Pfahlwurzel einen tiefen Topf und regelmäßige Wässerung. Der Befall mit Mehltau ist ein Zeichen für Wassermangel und für getopften Löwenzahn leider typisch. In freier Wildbahn fühlt er sich aber wohl!

Im Garten bieten sich Ihnen hierfür gleich zwei Gelegenheiten: Zum einen – wie bei der verwandten **Gänsedistel** (Seite 36) – im **Gemüsebeet,** zum anderen in Ihrem ehemaligen englischen Rasen, der nun etwas verwildern und endlich aufblühen darf.

Vogelmiere

Die zarte, kleinblättrige Pflanze kann dichte Kissen bilden, von denen man mit einer Schere innerhalb von Sekunden eine Schüssel voll Salat ernten kann! So üppig gedeiht sie aber nur, wenn ein hoher Humusgehalt und stete Feuchtigkeit gewährleistet sind. Auf einem Hügelbeet oder dem Komposthaufen gelingt dies ganz einfach. Die Auswilderung der Vogelmiere (Seite 56) als Bodendecker im Gewächshaus versorgt Sie auch im Winterhalbjahr mit frischem Salat, selbst wenn draußen eine Schneedecke das Sammeln erschweren sollte. Voraussetzung ist jedoch, dass dann während des Winters regelmäßig gegossen wird. Bei der Ansiedlung auf Terrasse oder Balkon ist ein kleines Hochbeet oder ein großer Topf voller Humuserde ideal. Regelmäßiges Gießen garantiert dann frische Salaternten.

Schmalblättriges Weidenröschen

Für die Gestaltung von Schatten- und Halbschattenbereichen in naturnahen Gärten ist diese schön blühende Staude (Seite 60) eine echte Bereicherung. Die schlanken, violetten Blütenkerzen zeigen sich den ganzen Sommer über. Die Bodenverhältnisse sollten, wie an ihrem natürlichen Standort im Wald auch, humos und relativ feucht sein. Ideale Begleitpflanzen sind der ebenfalls hoch wachsende und essbare **Wald-Geißbart** (*Aruncus dioicus*), die **Wald-Engelwurz** (*Angelica syl-*

vestris, im Band „Köstliches von Sumpf- und Wasserpflanzen" in dieser Buchreihe vorgestellt), sowie **Farne** und pflegeleichte **Rispen-Hortensien** (*Hydrangea paniculata*).

Roter Wiesen-Klee

Indem Sie Ihren pflegeaufwändigen Rasen wieder in eine Wildblumenwiese zurück verwildern lassen und diese nur zwei Mal im Jahr mähen, hat auch der Rote Wiesen-Klee (Seite 64) – neben vielen anderen Arten – wieder eine Chance, bei Ihnen blühen zu können. Die Hinweise beim **Gänseblümchen** (Seite 16) gelten hier entsprechend.
Als Topfpflanze ist der Klee zur Dekoration geeignet, doch große Ernten können Sie hier nicht erwarten.

Wiesen-Labkraut

Die filigrane Duftpflanze (Seite 68) eignet sich hervorragend als Schmuckstaude in sonnigen Staudenbeeten. Im Verbund mit Rosen – beide blühen zur gleichen Zeit – und anderen Arten wie **Glockenblumen** (*Campanula*), **Wiesen-Salbei** (*Salvia pratensis*) und **Margeriten** (*Leucanthemum*) ergeben sich wunderschöne und für Insekten nahrhafte Blütenmeere.
Das eng verwandte, senfgelb blühende **Echte Labkraut** (Seite 68) ist besonders für die Gestaltung von Steingärten auf nährstoffarmem Substrat geeignet. Ideale, ebenfalls essbare Blühpartner sind hier **Königskerzen** (*Verbascum*) sowie **Nachtkerze** (*Oenothera biennis*) und **Wegwarte** (*Cichorium intybus*). Die beiden Letzteren werden im Buch „Die 12 besten essbaren Pionierpflanzen" ausführlich vorgestellt.

Bärlauch

Allium ursinum

Pflanzenporträt

Bärlauch gehört zur Familie der Zwiebelgewächse (Alliaceae) und ist damit ein enger Verwandter vieler unserer Kulturpflanzen wie Schnitt- und Knoblauch, Speisezwiebel und Porree.

Wuchs und Aussehen Ab dem zeitigen Frühjahr wachsen aus einer kleinen Zwiebel ca. 20 cm hohe, länglich-lanzettlich geformte Blätter. Jede Zwiebel bringt ein kleines Büschel dieser Blätter hervor. Einige Wochen später erscheinen aus der Mitte eine oder mehrere Sammelblüten, die zunächst in einer gemeinsamen Hülle verpackt sind. Nach dem Platzen der Hülle entfalten sich die kugeligen Blütenstände (einfache Dolden), und die einzelnen weißen, sternförmigen Blüten öffnen sich. Sie verströmen einen intensiven Knoblauchgeruch. Nach der Blüte verändert sich das Erscheinungsbild der Pflanze sehr schnell: Die Samen reifen und fallen ab, die Blätter verfärben sich gelb und gehen ein. Wo im April noch überall Bärlauch stand, ist schon im Juni oberirdisch nichts mehr zu sehen – bis die Zwiebeln im kommenden Frühjahr wieder neu austreiben.

***Typisch:** Hat sich der Bärlauch erst einmal an einem Standort etabliert, vermehrt er sich massenhaft. Der Waldboden wird dann von März bis Mai mit einem dichten Blätterteppich bedeckt. Das sind die sogenannten „Bärlauchplätze".*

Vorkommen Der Bärlauch wächst häufig in mitteleuropäischen Laubwäldern, er liebt humus- und nährstoffreiche, eher feuchte Standorte. Bärlauch ist daher typischerweise in Auwäldern zu finden.

Charakteristische Inhaltsstoffe Bärlauch ist sehr reich an Mineralstoffen und Spurenelementen (Kalium, Mangan, Eisen). Weiterhin enthalten sind Allicin, Vitamin C, Saponine, Flavonoide, Schleimstoffe und Zucker. Der im Allicin enthaltene Schwefel ist eine wichtige Grundlage für die Fähigkeit des Bärlauchs, entgiftend auf den Organismus zu wirken.

Vorbeugen und Heilen mit Bärlauch Für eine belebende und regenerierende Frühjahrskur ist Bärlauch ideal. Die Heilpflanze wirkt antibakteriell, antimykotisch, blutreinigend, entzündungshemmend, harntreibend, schleimlösend und stoffwechselanregend. In der Volksmedizin wird Bärlauch traditionell zur Förderung der Verdauung, gegen Arteriosklerose sowie zur Senkung des Blutdrucks und des Cholesterinspiegels eingesetzt. Zur Ausleitung von Giftstoffen wird Bärlauch-Tinktur in der Alternativmedizin erfolgreich angewandt.

Sammeltipps

Hat man erst einmal „seinen" Bärlauchplatz im Wald gefunden, ist man in aller Regel gut versorgt. Im Süden und der Mitte Deutschlands wächst Bärlauch deutlich häufiger als im Norden. Er steht zwar nicht unter Naturschutz, laut aktueller Roter Liste gilt er jedoch in Brandenburg als „selten", in Sachsen steht er auf der „Vorwarnliste", in Hamburg ist er „sehr selten" und in Berlin sogar „vom Aussterben bedroht". Daher ist Bärlauch rücksichtsvoll und achtsam zu sammeln; die Zwiebeln lässt man in diesen Regionen stehen. Allgemein sollte man keine kompletten Büschel abernten, sondern je nach Größe der Pflanze nur ein bis zwei Blätter abpflücken. Gehen Sie beim Sammeln bitte zielgerichtet vor, damit die dichten Bestände nicht unnötig zertrampelt werden.

Verwendete Pflanzenteile und Erntezeit In warmen Lagen können Sie die schmackhaften Blätter schon ab Ende Februar ernten. Auch Blüten, Zwiebeln und Samen können verwendet werden.

Blätter	Hauptsaison März bis Mai
Blüten	Ende April / Mai
Zwiebeln	Juni – Februar
Samen	Juni

! **Mögliche Verwechslungsgefahr** Leider ist es schon vorgekommen, dass der Bärlauch mit dem Maiglöckchen, mit dem Aronstab und auch mit der Herbstzeitlose verwechselt wurde. Diese Pflanzen sind alle stark giftig. Maiglöckchen wachsen eher in Laubmischwäldern und weisen zu Beginn zwei eingerollte Blattriebe auf. Der Aronstab beginnt sein Blattwachstum gleichzeitig mit dem Bärlauch und liebt auch dieselben feuchten Standorte. Durch die deutlich erkennbaren netzförmigen Blattnerven des Aronstabs sind beide jedoch gut zu unterscheiden. Etwas ältere Blätter weisen dann eine pfeilförmige Spitze auf. Sowohl Maiglöcken als auch Aronstab haben rote Beeren! Ein weiteres Unterscheidungsmerkmal ist der deutliche Knoblauchgeruch von Blättern, Stängeln, Blüten, Samen und Wurzeln beim Bärlauch. Jedoch darf man nicht außer Acht lassen, dass beim Sammeln irgendwann „alles" nach Knoblauch riecht. Darum ist der genaue Blick auf die äußeren Erkennungsmerkmale viel wichtiger.

Bärlauch	Maiglöckchen (giftig)	Aronstab (giftig)
Hellgrünes Blatt, Blattunterseite matt, parallel verlaufende Blattnerven	Blau-grünes Blatt, Blattunterseite glänzend, parallel verlaufende Blattnerven	Ältere Blätter sind pfeilförmig und meist gefleckt, Blattnerven sind netzartig
Jedes Blatt einzeln am Stiel, aber in Büscheln stehend	Blätter wachsen paarweise am Stiel direkt aus dem Boden; anfangs eingerollt	Einzelnes Blatt am Blattstiel; langgestielt Das Blatt wächst direkt aus dem Boden; anfangs eingerollt
Weiße Blüten stehen in einer kugeligen Dolde; anfangs in gemeinsamer Hülle	Einzelne, weiße und glockenförmige Blüten sind am Stängel hintereinander aufgereiht	Kolbenförmiger Blütenstand mit einem grünlich-weißem Hochblatt
Grüne Fruchtkapsel mit 3 Fächern	Leuchtend rote Beere	Rundliche scharlachrote Beeren

Rezepte

Bärlauch-Pesto Frische Bärlauchblätter und/oder -blüten waschen, trocken schleudern und klein schneiden. Zusammen mit kalt gepresstem Olivenöl, angerösteten Pinienkernen, Salz, Pfeffer, geriebenem Parmesan oder Pecorino in einem Mörser zu Pesto verarbeiten. Wem die Zubereitung im Mörser zu aufwendig ist, kann das Pesto mit einem Stabmixer zubereiten. Dann jedoch nur kurz anpürieren, weil es sonst zu musig wird. Bärlauch-Pesto schmeckt toll zu Nudeln! Mit Öl bedeckt hält es sich im Kühlschrank einige Tage lang. Für „Weißes Pesto" nur die Blüten des Bärlauchs verwenden.

Rezept-Tipp: *Wenn Sie beim Pesto den Käse weglassen und es zuletzt mit einer Schicht Öl bedecken, können Sie es bis zu einem halben Jahr im Kühlschrank aufbewahren.*

Bärlauch-Butter Butter oder Reformmargarine aus dem Kühlschrank nehmen und bei Zimmertemperatur weich werden lassen. Bärlauchblätter und -blüten waschen, trocken schleudern, sehr fein hacken und mit der Butter vermengen. Nach Belieben salzen und einige Stunden, besser über Nacht, ziehen lassen. Bei der Aufbewahrung im Kühlschrank luftdicht verschließen, damit die anderen Lebensmittel den intensiven Knoblauchduft nicht annehmen. Oder über einen längeren Zeitraum in der Gefriertruhe aufbewahren.

Bärlauch-Sauce In einer Pfanne aus Butter oder Öl und etwas Mehl eine Mehlschwitze herstellen. Diese mit Gemüsebrühe ablöschen und gewaschene, klein gehackte Bärlauchblätter und/oder -blüten hinzugeben, salzen und pfeffern.

Bärlauch-Quark Ebenfalls sehr gut zu Kartoffeln passt ein Bärlauch-Quark: Den Quark nach Belieben salzen, pfeffern, eventuell mit Sahne oder Joghurt, Oliven- oder Kürbiskernöl verfeinern und gewaschene, klein gehackte Bärlauchblätter unterheben.

Bärlauch-Dinkel-Suppe Dinkelkörner in reichlich Gemüsebrühe weich kochen. Gegen Ende der Garzeit Möhrenscheibchen oder -stäbchen dazugeben. Die Suppe entweder mit einer Mehlschwitze binden oder einige zerdrückte Pellkartoffeln unterrühren. Mit Salz, Pfeffer, Muskat, Curry, Chili, Sojasauce und einem großen Bund gewaschenem, frisch gewiegtem Bärlauch würzen. Bei Verwendung von Bärlauchzwiebeln: diese klein hacken, in Öl glasig anschwitzen und in die fertige Suppe geben.

Bärlauch als Gewürz Wo Sie mit Knoblauch würzen, können Sie auch Bärlauch einsetzen! Das Kraut wird am besten frisch verwendet werden, da es beim Trocknen seine wertvollen Wirkstoffe verliert.

Bärlauch-Pfeffer Die jungen Samen des Bärlauchs können wie eine Art grüner Pfeffer vielseitig in der Küche eingesetzt werden: Über Salate gestreut, pur aufs Butterbrot oder als Kapern in Essig eingelegt, schmecken sie vorzüglich

Breitwegerich

Plantago major

Pflanzenporträt

Der Breitwegerich ist ein Mitglied der Familie der Wegerichgewächse (Plantaginaceae), zu der auch die bekannte Heilpflanze Spitzwegerich (Plantago lanceolata) gehört. Alle mitteleuropäischen Wegericharten sind essbar. Die indogermanische Wortendung „-rich" bedeutet „König": Der Wegerich ist also der König der Wege. Der Pflanzenname weist damit sehr treffend auf sein Vorkommen hin (siehe Seite 25).

Wuchs und Aussehen Die ausdauernde Staude besitzt rundliche, ungezähnte Blätter, die in einer Blattrosette angeordnet sind. Charakteristisch sind die sich kaum verzweigenden, dicken Leitbündel in den Blättern. Wenn man die Stängel abpflückt, hängen diese oft als Bart aus dem Stiel heraus. Bemerkenswert ist der große Unterschied zwischen Pflanzen an einem schattigen und feuchten Standort, zum Beispiel an einem Waldweg, und solchen auf einem sonnigen und trockenen Platz: Schattenpflanzen erreichen bis zu 30 cm Höhe, bilden größere und weichere Blätter, die eher aufgerichtet sind, während die gleiche Pflanzenart an einem sonnigen Standort oft nur wenige Zentimeter hoch wird und wesentlich kleinere Blätter ausbildet. Sie fühlen sich ledrig-derb an und liegen flacher am Boden.

***Typisch:** Die Blüten und die aus ihnen hervorgehenden Samenstände sehen aus wie kleine Antennen und wachsen aus der Mitte der Blattrosette heraus.*

Vorkommen Breitwegerich macht sich auf Wegen breit und wächst vor allem auf Trittflächen: auf Trampelpfaden, im Rasen, auf Feld- und Waldwegen und deren Rändern. In ganz Mitteleuropa kann man das „Unkraut" finden, in den Alpen bis auf 2200 m Höhe. Die vitale Pionierpflanze besitzt eine hohe Toleranz gegenüber verdichteten Böden und Streusalz, was oft zu einem massenhaften Auftreten entlang von Straßen und Wegen führt. Der Breitwegerich produziert sehr viele Samen, was für Pionierpflanzen typisch ist. Eine Pflanze bildet insgesamt bis zu 40.000 Samen aus. Werden die Samen feucht, quellen sie stark auf und sind klebrig. So bleiben sie an Fußsohlen, Hufen und Rädern haften und verbreiten sich auf diese Weise – besonders auf und entlang von Wegen.

Charakteristische Inhaltsstoffe Hoher Gehalt an Glykosiden, weiterhin Gerbstoffe, Kieselsäure, Provitamin A, Vitamin B, C und K, Kalium und Zink. Die Samen sind reich an Öl und Schleimstoffen. Der nahe Verwandte Spitzwegerich enthält die gleichen Inhaltsstoffe, allerdings produziert dieser weniger Samen, was die Ernte mühsamer macht.

Vorbeugen und Heilen mit Breitwegerich Der hohe Gehalt an den oben genannten Inhaltsstoffen wirkt basisch und vitalisierend. Die antibakteriellen Eigenschaften werden auch beim nahen Verwandten des Breitwegerichs, dem Spitzwegerich, genutzt (in Form von frischen Blättern als Wundauflage oder als Tee bei Entzündungen von Mund- und Rachenschleimhäuten sowie äußerlich bei Hautentzündungen). Das enthaltene Vitamin K wirkt blutstillend. Eine Besonderheit besitzt die Hüllschicht (Spelzen) der extrem nahrhaften Samen: Sie quellen im Verdauungstrakt stark auf und besitzen dadurch eine darmreinigende sowie -regulierende Wirkung (sowohl bei Durchfall als auch bei Verstopfung). Dies wird vor allem beim Indischen Flohsamen (Plantago ovata) genutzt, einer anderen Wegerichart. Die Samen des Breitwegerichs wirken jedoch ähnlich.

Sammeltipps

Bei uns wächst Breitwegerich fast überall. Allerdings ist es ratsam, möglichst naturbelassene und eher einsame Orte aufzusuchen, um unbelastetes Gemüse ernten zu können. Hierfür bieten sich ruhige Wald- und Wiesenwege an. Zu Hause angekommen, sollten Sie das Sammelgut generell gründlich abbrausen und säubern.

Verwendete Pflanzenteile und Erntezeit In Indien, China und Südbrasilien wird Breitwegerich als Blattgemüse angebaut. Bei uns ist er als Nutzpflanze dagegen kaum bekannt. Blätter und Blütenknospen zeichnen sich durch einen angenehmen Pilzgeschmack aus, sie werden bei uns von April bis September geerntet. Die Samen sind sehr nahrhaft und schmecken nussig; zwischen August und Oktober sind sie ausgereift. Nach dem Sammeln werden die Stängel zunächst getrocknet. Jetzt wird „geworfelt"! Reiben Sie die Samenstände über einer großen Schüssel ab. Zur Trennung von Samen und Spelzen gehen Sie am besten mit der Schüssel ins Freie. Werfen Sie die Mischung aus Samen und Spelzen vorsichtig über der Schüssel in die Luft und blasen Sie dabei die feinen Spelzen (Hülsen) zur Seite, bis auf dem Boden der Schüssel nur noch die Samen zurückbleiben.

Blätter	Hauptsaison für den Breitwegerich ist April bis September
Samen	August – Oktober

Wegerich-Butter

Rezepte

Wegerich-Gemüse Zwiebelwürfel in Pflanzenöl andünsten und mit Gemüsebrühe ablöschen. Wegerichblätter und Blütenknospen waschen, in feine Streifen schneiden und zugeben. Mit Salz, Pfeffer, Muskat und Knoblauch würzen. Dann mit Sahne, Zitronensaft und einer Prise Rohrohrzucker verfeinern. Die Garzeit beträgt 20 Minuten auf kleiner Flamme. Sehr lecker zu Basmati- oder Naturreis!

Russischer Wegerich-Salat Für den Salat drei Teile junge Wegerich- und einen Teil Brennnesselblätter waschen und trocken schleudern. Die Brennnesseln kurz überbrühen und alles in feine Streifen schneiden. Zwiebelwürfel zu den Blättern geben. Für das Dressing Sauerrahm mit Salz, Pfeffer und Apfelessig vermischen. Das Ganze mit frisch geriebenem Meerrettich abschmecken.

Wegerich-Butter Leicht geröstete Wegerichsamen (siehe „Verwendete Pflanzenteile und Erntezeit" auf Seite 25) mahlen und zu gleichen Teilen mit Butter oder Reformmargarine mischen, auf Wunsch leicht salzen. Wegerichbutter schmeckt ähnlich wie Erdnussbutter und ist ein leckerer und gesunder Brotaufstrich (siehe Abbildung).

***Rezept-Tipp:** Probieren Sie doch einmal die leicht gerösteten Wegerichsamen im Müsli! Auch selbst gebackenes Brot wird so verfeinert: einfach die Samen mit in den Teig geben.*

Wegerich-Kapern Junge, noch nicht aufgeblühte Wegerich-Blütenstände waschen und von den Stängeln befreien. Dann die Köpfchen kurz in Estragonessig kochen und leicht salzen. In sterile Schraubdeckelgläser abfüllen und sofort verschließen. Die Kapern sind schon nach einigen Tagen Ruhezeit verzehrfertig und lange haltbar. Zur Lagerung die Gläser kühl und dunkel stellen. Die Blütenköpfe können wie echte Kapern in der Küche, aber auch als Antipasti verwendet werden. Mit den Wegerich-Kapern können geschmacklich ganz neue Akzente gesetzt werden, beispielsweise in Saucen oder Reisgerichten.

***Rezept-Tipp:** Mit dieser Zubereitung lassen sich auch Gänseblümchen-Kapern herstellen.*

„Pilzpfanne" Junge Wegerichknospen und -blätter waschen und trocken schütteln. Natives Kokosöl in einer Pfanne erhitzen. Zwiebelwürfelchen und nach Geschmack gehackten Knoblauch darin glasig anschwitzen. Wegerichknospen und grob gehackte -blätter dazugeben und 10–15 Minuten unter Rühren mitbraten. Das angenehme Pilzaroma des Wegerichs wird nur mit einer Prise Kräutersalz und Pfeffer abgeschmeckt. Dazu passen Reis oder Hirse.

Brennnessel

Urtica dioica

Pflanzenporträt

Die Brennnessel gehört der Familie der Nesselgewächse (Urticaceae) an. Ihr Volksname „Hanfnessel" deutet auf die frühere Nutzung als Faserpflanze hin, ebenso der Begriff „Nesseltuch": Bis ca. 1720 wurde die Brennnessel in Mitteleuropa als Faserpflanze angebaut. Das aus den Stängelfasern gewonnene Tuch ist etwas rau, aber sehr strapazierfähig. Es eignete sich damit gut zur Herstellung von Berufskleidung oder Zeltbahnstoffen.

Wuchs und Aussehen Aus einem ausdauernden, kriechenden Wurzelstock wächst die bis zu 2 m hohe Staude. Neben den Brennhaaren sind als weitere charakteristische Kennzeichen der vierkantige Stängel zu nennen und die eiförmig-länglichen Blätter, deren Rand gesägt ist und die gegenständig an den Stielen stehen. Die grünlichen, leicht hängenden Rispen wachsen aus den Blattachseln im oberen Drittel der Pflanze. Die Brennnessel blüht von Juni bis Oktober; sie hat entweder männliche, aufrecht stehende oder weibliche, längere überhängende Blütenrispen. Die wertvollen Samen an den weiblichen Blütenrispen sind ab August reif.

***Typisch:** Das bekannteste Erkennungsmerkmal sind die Brennhaare an Stängeln und Blättern, nach denen die Brennnessel benannt wurde.*

Vorkommen Die Brennnessel ist überall in Mitteleuropa zahlreich vertreten. Besonders entlang von Feld- und Waldwegen, an Waldrändern, in Auwäldern, bei Hecken und an Zäunen kommt sie oft in Massenbeständen vor. Die Brennnessel ist ein typischer Stickstoffanzeiger, was bedeutet, dass sie nährstoffreiche Böden liebt.

Charakteristische Inhaltsstoffe Die Heilpflanze ist außerordentlich reich an organisch gebundenen Mineralstoffen wie Kalium, Phosphor, Silizium, Magnesium und ganz besonders Kalzium sowie Eisen. Zudem enthält sie sehr viel Vitamin C (dreimal so viel wie Grünkohl oder Brokkoli!) sowie reichlich Vitamin A und E, Eiweiß, pflanzliche Hormone (Phytohormone) und Enzyme. Auch die Samen sind sehr gehaltvoll: ca. 30 % fettes Öl (Linolsäure), Vitamin E, Schleimstoffe sowie Karotinoide.

Vorbeugen und Heilen mit Brennnessel Die Heilpflanze wirkt blutbildend, da das enthaltene Eisen für unseren Körper gut verfügbar ist. Der hohe Gehalt an Mineralstoffen macht sie basisch. Die harntreibende und blutreinigende Wirkung wird in der Volksmedizin für Entgiftungs- und Basenkuren genutzt. Das ist besonders im Frühjahr sehr zu empfehlen. Die Brennnessel enthält zudem viele Enzyme und pflanzliche Hormone mit folgenden Wirkungen: Vorbeugung gegen Krebs, Senkung des Blutzuckerspiegels, Hemmung von Entzündungen sowie Linderung von Prostatabeschwerden. Die gehaltvollen Samen werden in der alternativen Medizin auch als Aphrodisiakum und als Stärkungsmittel bei Erschöpfungszuständen eingesetzt. Die getrockneten Blätter eignen sich gut für Heiltees, die allerdings etwas herb schmecken. Sie haben eine stark diuretische Wirkung, verursachen also eine vermehrte Harnproduktion. Deswegen sind sie für Durchspülungstherapien bei Harnwegsinfekten gut geeignet. Dabei ist es wichtig, auf eine ausreichende Flüssigkeitszufuhr von mindestens zwei Litern zu achten.

Sammeltipps

Damit Sie sich beim Sammeln nicht „verbrennen", rüsten Sie sich mit Handschuhen, einer Schere und einem großen Korb.

Verwendete Pflanzenteile und Erntezeit Schneiden Sie die Triebspitzen der Nessel ab und legen diese locker in einen Korb oder Stoffbeutel. Zu Hause taucht man die Triebspitzen zum Waschen in klares Wasser. Damit die Nesseln nicht mehr brennen, werden sie jetzt entweder mit einem Wellholz kräftig gewalkt oder noch einfacher: mit heißem Wasser kurz überbrüht. Keine Angst! Sie brennen jetzt nicht mehr und können gefahrlos weiterverarbeitet werden.

Die Blätter und Triebspitzen können von April bis Anfang August gesammelt werden, die ersten Blättchen schon ab März. Dabei erntet man das obere Drittel der Triebe: Hier ist der Gehalt an wertvollen Inhaltsstoffen am größten. Ab Juni können Sie auch die Blüten ernten. Sie wachsen ebenfalls im oberen Drittel der Pflanze. Die schmackhaften und nährstoffreichen Samen stehen im Spätsommer zur Verfügung. Wird die Brennnessel drei- bis fünfmal im Jahr gemäht, treibt sie immer wieder neue zarte Blätter und Triebe. So kann die Ernte bis zum ersten Frost verlängert werden.
Für das Ernten der Samen die Rispen abzupfen und schonend trocknen, bis sie

rascheltrocken sind. Dann zwischen den Händen zerreiben, Faserteile aussortieren und die Samen in einem dunklen Gefäß aufbewahren. Oder ganze Triebe mit einer Schere abschneiden und am Stück trocknen. Danach rispenweise die dunkelgrünen Samen abrebeln. Dieses heimische Superfood kann über viele Gerichte gestreut werden!

Blätter	Hauptsaison ist April bis Anfang August, erste Blätter ab März
Triebspitzen	April bis Anfang August
Samen	August bis Anfang September

Rezepte

Brennnessel-Giersch-Gemüse Für diesen köstlichen Wildgemüse-Spinat werden Brennnesseln und Giersch zu gleichen Teilen verwendet. Die gewaschenen Brennnesselblätter und -triebspitzen kurz überbrühen und klein schneiden. Gierschblätter und -stängel waschen und ebenfalls klein schneiden. In der Pfanne Zwiebelwürfel in Oliven- oder Sonnenblumenöl anschwitzen. Das Gemüse zugeben, zusammenfallen lassen und mit Wasser oder Gemüsebrühe ablöschen. Etwa 15 Minuten auf kleiner

Flamme köcheln, dabei eventuell etwas Wasser nachgießen. Zum Würzen Salz, Pfeffer, Muskat und Knoblauch (am besten frisch gepresst) oder Bärlauch und eine Prise Rohrohrzucker verwenden. Mit Schmand oder Sahne verfeinern.

Brennnessel-Kartoffel-Suppe Kartoffeln schälen, in kleine Würfel schneiden und in Gemüsebrühe weich kochen. Mit dem Kartoffelstampfer zerdrücken. Brennnesselblätter und -triebspitzen waschen, mit heißem Wasser kurz überbrühen, dann klein schneiden und in der Suppe für ca. fünf Minuten mitköcheln. Mit Salz, Pfeffer, Muskat, Knoblauch oder Bärlauch und Liebstöckel würzen. Mit Schmand oder Sahne verfeinern und mit einer Prise Rohrohrzucker und etwas Zitronensaft abrunden.

Deftiger Brennnessel-Kuchen (siehe Seite 7) Einen Hefeteig dünn ausrollen und in eine gefettete Springform legen. Für die Füllung die gewaschenen Brennnesselblätter überbrühen und fein schneiden. In einer Pfanne Zwiebelwürfel in Olivenöl andünsten. Dann die Brennnesseln und etwas Gemüsebrühe hinzugeben und die Blätter zusammenfallen lassen. In einer Schüssel drei Eier und einen Becher Sahne verquirlen und mit Salz, Pfeffer, Muskat und Knoblauch würzen. Brennnesselblätter untermischen und die Springform damit füllen. Parmesankäse darüberstreuen und/oder mit Mozzarella-Scheiben belegen. Im vorgeheizten Backofen bei 175 °C für etwa 30–40 Minuten backen. Für dieses Rezept ist auch Giersch geeignet.

Brennnessel-Tempura Aus Eiern, Mehl, Milch und etwas Salz einen Pfannkuchenteig herstellen. Einzelne gewaschene und trocken getupfte Brennnesselblätter oder auch ganze Triebspitzen in den Pfannkuchenteig tauchen und in heißem Pflanzenöl ausbacken. Dazu passen diverse Dips und Kräuterquark oder einfach nur Sojasauce. Eine ideale Vorspeise, die auch als Snack oder Fingerfood gereicht werden kann.

Brennnessel-Frühstücks-Saft Aus den gewaschenen Triebspitzen der Brennnessel, süßen Äpfeln und Möhren einen Saft pressen und diesen mit etwas kalt gepresstem Pflanzenöl (damit die fettlöslichen Vitamine aufgeschlossen werden) und frischem Zitronensaft abschmecken.

Brennnessel-Tee In der Zeit von April bis Anfang August wird das obere Drittel der Triebe morgens geerntet und in kleinen Büscheln im Schatten zum Trocknen aufgehängt. Sind die Blätter getrocknet, können diese mit bloßen Händen abgerebelt werden; die Nessel brennt dann nicht mehr. Das gerebelte Kraut noch für zwei bis drei Tage in einer offenen Schachtel zum Nachtrocknen stehen lassen, dann kann es in Gläsern oder Teedosen als Wintervorrat verpackt werden.

Gänseblümchen

Bellis perennis

Pflanzenporträt

Das Gänseblümchen gehört der Familie der Korbblütler an (Asteraceae). Das kleine Blümchen ist etwas Besonderes, denn es vermag – sofern nicht von einer Schneedecke bedeckt – das ganze Jahr hindurch zu blühen. Der Botaniker Carl von Linné bedachte es daher mit einem sehr treffenden und zudem wohlklingenden Namen: Bellis perennis, was „die schöne Ausdauernde" bedeutet. Besonders auf Kinder übt es eine große Anziehungskraft aus, es ist sozusagen die typische Kinderblume. Erwachsene bevorzugen zumeist die aus dem Gänseblümchen gezüchtete Zierpflanze „Bellis", die es in weiß, rosa oder rot im Frühjahr beim Gärtner zu kaufen gibt.

Wuchs und Aussehen Die einzelnen Gänseblümchen wachsen aus einer ausdauernden, bodenständigen Blattrosette heraus und werden bis zu 15 cm hoch. Die Blütenstängel sind unverzweigt, leicht behaart und tragen jeweils eine einzige Blüte. Um das goldgelbe Köpfchen herum sind längliche, weiße, zuweilen auch rosafarbene Blütenblätter strahlenförmig angeordnet. Die kleinen Blüten haben einen maximalen Durchmesser von 2 cm.

***Typisch:** Das Aussehen der Blattrosette als Ganzes ist dem Feldsalat sehr ähnlich. Die einzelnen Blätter haben jedoch keinen glatten Rand, sondern sind stumpf gezähnt und leicht behaart.*

Vorkommen Das Gänseblümchen liebt nährstoffreiche, sonnige und halbschattige Standorte auf gemähten Wiesen und Rasenflächen. Es ist eine sehr häufig anzutreffende Pflanze, die mitunter ganze Teppiche ausbildet. Von Natur aus ist das kleine Blümchen eine rein europäische Pflanze. Im Zuge der Kolonisierung hat sich die Pflanze jedoch weltweit ausgebreitet und ist heute in allen Gebieten mit gemäßigtem Klima heimisch, bis hin an die Pazifikküsten Kanadas und Neuseelands.

Charakteristische Inhaltsstoffe Die Heilpflanze ist reich an wertvollen Mineralstoffen wie Kalzium, Phosphor, Eisen, Kalium und Magnesium. Außerdem enthält das Gänseblümchen viel Vitamin C, Provitamin A, Eiweiß, Gerb- und Bitterstoffe, Saponine sowie Schleimstoffe.

Vorbeugen und Heilen mit Gänseblümchen Aufgrund der hohen Dichte an wichtigen Nähr- und Wirkstoffen spielt das Gänseblümchen in der Naturheilkunde eine wichtige Rolle. Die Pflanze wirkt blutreinigend, entwässernd und stoffwechselanregend – diese Eigenschaften machen das Gänseblümchen zum traditionellen Bestandteil von Frühjahrskuren. Weiterhin wirkt es entkrampfend und stillt den Hustenreiz.

Sammeltipps

Das Gänseblümchen hat fast ganzjährig Erntesaison! Nur bei gefrorenem Boden lassen sich die Blattrosetten schwer ernten.

Verwendete Pflanzenteile und Erntezeit Ähnlich wie beim Feldsalat werden die Blattrosetten mit einem kleinen Küchenmesser an der Erdoberfläche abgestochen. Man befreit sie möglichst schon draußen auf der Wiese von Grashalmen oder abgestorbenen Blättchen, das erleichtert die spätere Arbeit in der Küche.
Die Blüten des Gänseblümchens erscheinen in milden Wintern schon ab Ende Januar zur Schneeglöckchenzeit und stehen daher ebenfalls fast ganzjährig zur Verfügung. Hauptsaison für die Blüten ist natürlich der Frühling. Wer Blütenknospen in Öl einlegen oder Kapern daraus herstellen möchte, sollte ebenfalls in der Zeit von Ende März bis Juni sammeln gehen.

Blüten	erste Blüten im März, bis zum Winterbeginn
Blätter	Hauptsaison ist der Frühling, geerntet werden können sie aber fast ganzjährig

Rezepte

Gänseblümchen-Gemüse Die Blüten der Gänseblümchen waschen und in etwas Wasser auf kleiner Flamme sanft dünsten. Die Blütenköpfe sollten noch Biss haben. Etwas Wasser mit Sahne und Mehl glatt rühren. Die verbleibende Flüssigkeit vom Blütengemüse damit abbinden. Mit Salz, Pfeffer und etwas Zitronensaft würzen.

Rezept Tipp: *Aus diesem Gemüse lässt sich auch eine leckere Gänseblümchen-Suppe zubereiten. Einfach mit Gemüsebrühe auffüllen und dann mit Crème fraîche und frisch gehackten Gänseblümchenblättern servieren.*

Gänseblümchen-Salat

Gänseblümchen-Salat Die großen Blattrosetten auseinanderzupfen, kleinere können auch ganz verwendet werden. Gründlich waschen und abtropfen lassen. Als Dressing passt eine Vinaigrette aus Olivenöl und Balsamessig, etwas Salz und Pfeffer. Lecker ist auch eine Joghurtsauce mit frisch gepresstem Knoblauch, Salz, Pfeffer, Zitronensaft und etwas Süßungsmittel wie Ahornsirup, Apfeldicksaft oder Rohrohrzucker. Zuletzt mit den dekorativen Gänseblümchenblüten bestreuen.

***Rezept-Tipp:** Probieren Sie doch einmal Gänseblümchen als essbare Dekoration! Die Blüten eignen sich hervorragend zum Schmücken von Salaten, kalten Platten, Kuchen und Torten und sind ein Augen- und Gaumenschmaus.*

Gänseblümchen in Öl eingelegt Gläser mit Schraubdeckel reinigen und auskochen. Die jungen, noch geschlossenen Blütenköpfe waschen und die Stängel entfernen. Die Blüten acht bis zehn Minuten in Salzwasser kochen, danach absieben und in die sterilen Gläser füllen. Mit kalt gepresstem Olivenöl bis unter den Rand auffüllen und sofort fest verschließen.
Als Variation können auch Chilischoten, grüne Pfefferkörner oder Knoblauchzehen im Salzwasser mitgekocht und zusammen mit den Gänseblümchen eingelegt werden. In Öl haltbar gemachte Gänseblümchen lassen sich über ein Jahr lang aufbewahren. Sie können für Salatsaucen, als Beigabe zu Kartoffelgerichten oder pur als Antipasti verwendet werden.

Kapern von Gänseblümchen Aus den jungen, noch geschlossenen Blütenköpfen lassen sich Kapern herstellen, wie im Rezept auf Seite 27 beim Breitwegerich beschrieben.

Gänseblümchen-Eiswürfel Ein dekorativer Tipp zur Kühlung Ihrer Getränke im Sommer: In eine Eiswürfelform pro Würfel eine Blüte legen und mit Wasser auffüllen.

Gänsedistel

Sonchus asper

Pflanzenporträt

Die Gänsedistel ist ein Korbblütengewächs (Asteraceae) und wird traditionell als Wildgemüse genutzt. Ihr volkstümlicher Name „Gemüsedistel" bezeugt diese früher übliche Verwendung.

Außer der hier beschriebenen Rauen oder Dornigen Gänsedistel gibt es noch die Kohl-Gänsedistel (Sonchus oleraceus) und die Acker-Gänsedistel (Sonchus arvensis). Alle Arten sind essbar! Im Aussehen sind sie sehr ähnlich, allerdings mit unterschiedlich üppigem Wuchs. Die Arten kreuzen sich untereinander, daher kann eine eindeutige Bestimmung manchmal schwerfallen.

Wuchs und Aussehen Die einjährige Pflanze wächst nach der Keimung im Frühjahr an günstigen Standorten innerhalb weniger Wochen zu stattlichen, bis zu 90 cm hohen Exemplaren heran. In Einzelstellung bilden sich große Solitärpflanzen, die stark verzweigt und reich belaubt sind. Je nach Standort und Üppigkeit der Pflanze ist der Stängel dünn wie eine Stricknadel oder auch daumendick. Dickere Stängel sind deutlich kantiger als die dünnen. Die Hungerformen an mageren Standorten bestehen scheinbar nur aus dünnen Stängeln, die am Ende ein paar kleine Blüten aufweisen.
Die Wuchsform der Pflanze ist aufrecht. Die Oberseite der Blätter ist glänzend dunkelgrün, die Unterseite silbergrau gefärbt. Die Blattränder der Distel sind gezähnt, wobei die einzelnen Zähne zu dornenartigen Gebilden auslaufen. Die Dornen der Gänsedistel sind jedoch weich, sodass Sie die Pflanze mit bloßen Händen anfassen

und auch ernten können, ohne sich zu verletzen. Die Blüten sind ca. 1 cm groß, gelb und zeichnen sich durch einen bauchig verdickten, grünen Blütenboden aus. Alle Pflanzenteile, besonders die Stängel, enthalten einen dünnflüssigen Milchsaft, der sich an der Luft braun verfärbt.

***Typisch:** Die Gänsedistel können Sie auch daran erkennen, dass die Blätter den Stängel fast vollständig umfassen – einer Manschette vergleichbar.*

Vorkommen Die Gänsedistel ist ein typisches Garten- und Ackerbegleitkraut. Das häufige Vorkommen und der üppige Wuchs erleichtern das Sammeln. Das einjährige Wildgemüse wächst oft zusammen mit den angebauten einjährigen Kulturpflanzen und kann diesen unter Umständen Konkurrenz machen. Auf mageren Böden kommt die Heilpflanze zwar vor, gedeiht aber nur kümmerlich. Auf schweren, nährstoffreichen Lehm- und Tonböden hingegen entwickeln sich die großen, prächtigen Exemplare.

Charakteristische Inhaltsstoffe Etwas Bitterstoffe, Kautschuk (im Milchsaft), Eisen, Vitamin C, reich an Mineralstoffen und Spurenelementen.

Vorbeugen und Heilen mit Gänsedistel Die Heilpflanze wurde früher schon von Plinius dem Älteren geschätzt. Ihr Milchsaft wurde, ähnlich wie beim Schöllkraut, zur Behandlung von Warzen empfohlen. Der Genuss der Pflanze soll sich anregend auf die Leberfunktion auswirken. Sie besitzt ähnliche Inhaltsstoffe wie die mit ihr verwandte „Mariendistel", die heute als Lebertherapeutikum eingesetzt wird. Leider sind die Heilwirkungen der Gänsedistel in Vergessenheit geraten und sie spielt weder in der Pflanzen- noch in der Volksheilkunde eine entsprechende Rolle. Das Sammeln dieser Wildpflanze lohnt sich aber allemal – der angenehme, mild-würzige Geschmack ist köstlich!

Sammeltipps

Alle oberirdischen Pflanzenteile der Gänsedistel sind essbar: Stängel, Blätter und Blüten.

Verwendete Pflanzenteile und Erntezeit Im Unterschied zu Zwiebel- oder Staudenpflanzen, die schon im zeitigen Frühjahr aus den bereits bestehenden, unterirdischen Pflanzenteilen herauswachsen, braucht die einjährige Gänsedistel erst einmal etwas Anlaufzeit für Keimung und Aufwuchs. Daher beginnt die Erntesaison etwas später: Die Sammelzeit beginnt ab Mai und dauert an bis zum ersten strengen

Frost, oft bis in den Dezember hinein. Die Wildpflanzen bleiben bis zuletzt saftig und weich. Das unterscheidet sie von manch anderen Pflanzen, die gegen Ende der Vegetationsperiode immer faseriger werden. Das Wildgemüse steht uns folglich während sieben bis acht Monaten zur Verfügung: eine lange Erntezeit!

Da die Blüten sehr klein sind, würde es viel Aufwand bedeuten, daraus ein eigenes Gericht zu kochen. Die hübschen gelben Blumen eignen sich vielmehr als dekorative Beimischung in Salaten oder zur Verzierung von kalten Platten.
Aufgrund der unterschiedlichen Garzeiten sollten Blätter und Stängel nach der Ernte getrennt werden. Wenn Sie die Gänsedistelblätter roh verzehren, sollten Sie die Dornen an den Blatträndern mit einer Schere abschneiden. Bei der Zubereitung von Gemüsegerichten ist das nicht notwendig, da die Dornen während des Dünstens vollkommen weich werden und nicht mehr stören können.

Stängel und Blätter	ab Mai bis zum ersten strengen Frost
Blüten	Juni – November / Dezember

Rezepte

Gänsedistel-Gemüse Stängel und Blätter gründlich waschen und klein schneiden. Für wen der leicht bittere Geschmack noch ungewohnt ist, der schneidet die Stängel vor dem Waschen bereits klein.
In der Pfanne Zwiebelwürfel in gutem Öl glasig dünsten. Mit Gemüsebrühe, etwas Weißwein und Sahne ablöschen und das Gemüse (zuerst die Stängel, dann die Blätter) hinzugeben. Nach fünf bis acht Minuten ist das Gemüse gar. Je nach Geschmack würzen: mit Salz, Pfeffer, Knoblauch und etwas Zitronensaft oder asiatisch mit Currypulver, Chili, Sojasauce, Erdnusscreme oder Kokosmilch. Je nachdem passen als Beilage Reis, Hirse oder Kartoffelbrei.

***Rezept-Tipp:** Gänsedisteln zeichnen sich durch eine kurze Garzeit aus: Gedünstet ist das leckere Gemüse schon nach fünf bis acht Minuten verzehrbereit!*

Gänsedistel-Salat Für die Zubereitung eines Salats können sowohl die knackigen Stängel als auch die Blätter und Blüten verwendet werden. Dabei empfiehlt es sich, die Stängel in feine Scheiben zu schneiden und die Blätter mit einer Schere von ihrem Dornensaum zu befreien. Dann beides waschen. Da der Eigengeschmack der Gänsedistel mild-aromatisch ist, lässt sie sich mit den verschiedensten Arten von Salatsaucen anrichten. Der fertige Salat kann dann mit den kleinen abgezupften Blütenblättern der Pflanze dekorativ bestreut werden.

Gänsedistel-„Cannelloni"-Auflauf Die „Cannelloni" bestehen in diesem Fall nicht aus Röhrennudeln, sondern aus kräftigen Stängeln von besonders üppig gewachsenen Gänsedisteln. Zunächst werden die Stiele so zugeschnitten, dass sie später in eine Auflaufform passen. Dann die Stängel in einer flachen Pfanne in etwas Gemüsebrühe vorkochen, bis sie halb gar sind. Die Brühe können Sie abgekühlt als Gänsedistelwasser trinken – dem darin enthaltenen Milchsaft werden Heilwirkungen zugesprochen (u. a. bei Leberschwäche und Sodbrennen). Mithilfe einer Spaghettizange lässt sich leicht feststellen, wann die Stängel soweit sind: Dazu die Stiele waagerecht in der Mitte festhalten. Biegen sich die Enden leicht nach unten, können die Stängel in eine Auflaufform geschichtet werden. Für den Guss Eier und Schmand oder Sahne, gedünstete Zwiebeln, Knoblauch, Salz, Pfeffer, Paprika und etwas Zitronensaft verquirlen. Über das Gemüse gießen und den Auflauf mit Tomaten- und Mozzarellascheiben belegen. Mit Parmesankäse bestreut ca. 20 Minuten bei 180 °C im Backofen gratinieren.

Gefüllte Paprika, Zucchini oder Auberginen Das Gänsedistel-Gemüse wie auf Seite 38 beschrieben zubereiten. Im Verhältnis von 2/3 Gemüse und 1/3 gegartem Naturreis oder Hirse eine Füllmasse herstellen. Nochmals abschmecken und gegebenenfalls nachwürzen. Den Paprikaschoten den Deckel abschneiden und aushöhlen, Zucchini und Auberginen halbieren und etwa zur Hälfte aushöhlen. Aus dem klein gehackten Fruchtfleisch kann eine einfache Tomatensauce angefertigt werden, die gut zu diesem Gericht passt. Das Gemüse mit der Gänsedistelmischung füllen. Zucchini und Auberginen wieder zusammenfügen, den Paprikaschoten den Deckel aufsetzen. Das Gemüse nun in eine Auflaufform mit Deckel platzieren, etwas Gemüsebrühe und Olivenöl angießen und zugedeckt im Backofen bei 180 °C garen. Die Garzeit variiert je nach Art und Größe der verwendeten Gemüsesorte: Tomaten sind beispielsweise schneller fertig als Auberginen. Als grobe Richtzeit gelten 20 Minuten.

Giersch

Aegopodium podagraria

Pflanzenporträt

Der Giersch gehört zur Familie der Doldenblütler (Apiaceae). Sein Geschmack erinnert an Petersilie oder Sellerie, die beide zur selben Pflanzenfamilie zählen. Traditionell wurde Giersch als ertragreiches Wildgemüse, aber auch als Heilpflanze geschätzt. Schon die Römer kannten Giersch als Gemüse. Sein anderer Name „Geißfuß" bezieht sich auf die noch nicht ganz entwickelte Blattform (siehe unten), die dem Hufabdruck einer Geiß, also einer Ziege, ähnelt.

Wuchs und Aussehen Giersch ist eine mehrjährige Staude. Die Wildpflanze ist sehr vital und wuchsfreudig; sie kann bis zu 1 m hoch werden. Die Vermehrung erfolgt sowohl über Samen als auch durch Ausläufer des Wurzelstocks. Die Grundform der Blätter ist immer dreiteilig: Meistens sind die Blätter doppelt dreiteilig, seltener einfach dreiteilig. Die seitlichen Blattteile sind häufig noch nicht ganz vom mittleren Blatt getrennt. So entsteht eine Blattform, die an einen „Geißfuß" erinnert. Die einzelnen Blattteile haben eine lanzettartige Form, die Blattränder sind deutlich gezähnt. Alte Blätter können bis zu 20 cm lang werden. Der Blattstiel hat einen dreieckigen Querschnitt. Der Stielansatz der Seitentriebe ist so erweitert, dass er den Haupttrieb der Pflanze umfasst. Dieser ist im Querschnitt rundlich und innen hohl. Die Blüte ist weiß und als flache Dolde ausgebildet (die im Bild oben sichtbaren Blüten gehören jedoch zu einer Vogelmiere, die ihren Standort hier mit dem Giersch teilt).

Typisch: *Sie können Giersch mithilfe des Geruchs bestimmen: Die ganze Pflanze verströmt einen Duft, der an Petersilie erinnert.*

Vorkommen Der Giersch ist in den feucht-gemäßigten Gebieten Europas und Asiens beheimatet, er hat sich mittlerweile aber auch in Nordamerika verbreitet. Sie finden die Wildpflanze beinahe in jedem Garten oder Park, unter Hecken und Gebüschen, in lichten Wäldern und am Waldrand. Sie bevorzugt zwar feuchte und nährstoffreiche Standorte, ist aber auch an weniger vorteilhaften Plätzen oft anzutreffen. Giersch ist eine der vitalsten Pflanzen überhaupt und kann ganze Flächen für sich in Anspruch nehmen.
Den meisten Gärtnern ist das „Unkraut" ein Dorn im Auge. Der Versuch, dem Giersch durch Jäten beizukommen ist zum Scheitern verurteilt – die Wurzeln sind zerbrechlich und aus jedem kleinen Reststück geht eine neue Pflanze hervor. Es ist klüger, das Thema von einem anderen Standpunkt aus zu betrachten: Freunden Sie sich doch mit dem Giersch an, begrüßen Sie ihn als schmuckes, gesundes und nahrhaftes Dauergemüse – und bereiten Sie ihn einfach im Wok oder in der Pfanne zu.

Charakteristische Inhaltsstoffe Das Wildgemüse enthält doppelt so viel Vitamin C wie der dafür bekannte Grünkohl! Des Weiteren besitzt Giersch sehr viel Provitamin A, Eiweiß und außergewöhnlich hohe Werte an Mineralstoffen und Spurenelementen, besonders Eisen, Mangan, Kupfer, Titan und Bor. Ätherische Öle und Kumarine erzeugen den typischen Duft der Pflanze.

Vorbeugen und Heilen mit Giersch Die Volksnamen „Zipperleinskraut" und „Gichtkraut" weisen auf die Bedeutung als Heilpflanze hin. Der Artname „podagraria" ist auf den griechisch-lateinischen Begriff „podagra" zurückzuführen, der „Gicht" bedeutet. Hildegard von Bingen pries im Mittelalter die unverwüstliche Lebenskraft der Pflanze und auch in Klostergärten wurde das Wildkraut kultiviert. Die Heilwirkungen werden wie folgt beschrieben: verdauungsanregend, harnsäurelösend (ein wichtiger Aspekt bei Gicht), harntreibend, abführend, antirheumatisch, entwässernd und entzündungshemmend.

Sammeltipps

Da Giersch oft in Massenbeständen wächst, ist die Ernte in der Regel schnell erledigt. Giersch fällt beim Erhitzen ähnlich schnell in sich zusammen wie Spinat. Gehen Sie also beim Sammeln großzügig vor.

Verwendete Pflanzenteile und Erntezeit Direkt nach der Schneeschmelze beginnt die vitale Pflanze zunächst glasig-hellgrüne, in sich gefaltete Blättchen zu treiben. Schon bald ist der ganze Boden davon bedeckt. Blätter, Stängel, Blüten – alles kann gegessen werden: die jungen Blättchen roh als zarter Salat im zeitigen Frühjahr (und nach jedem Mähen), die älteren Blätter und Stängel fein geschnitten als würziges Gemüse oder getrocknet als Suppengewürz. Die Erntesaison dauert von Februar/März bis in den späten Herbst hinein.

Blätter und Stängel	Erntesaison von Februar/März bis in den Spätherbst
Blüten	Juni

Rezepte

Giersch-Gemüse Blätter und Stängel waschen, klein schneiden. In einer Pfanne Zwiebelwürfel in kalt gepresstem Oliven- oder Sonnenblumenöl anschwitzen, mit Gemüsebrühe ablöschen, den Giersch dazugeben und weich garen. Nach Geschmack mit Salz, Pfeffer, Muskat oder Knoblauch würzen. Auch die asiatische Variante mit Sojasauce, Curry, Garam Masala und Erdnusscreme ist sehr köstlich.

Rezept-Tipp: Vom Giersch können Sie sowohl junge als auch ältere Blätter verarbeiten. Die Garzeit ist bei älteren, derben Blättern länger (ca. 10–20 Minuten) als bei zarten, jungen Trieben. Ältere Blätter benötigen zudem mehr Flüssigkeit zum Garen.

Giersch-Gazpacho Gewaschene Gierschblätter, Salatgurke, Tomaten, Zwiebel, Knoblauch, etwas Salz, Pfeffer und Olivenöl werden im Mixer zu einer leckeren kalten Sommersuppe püriert. Für dieses Rezept eignen sich auch die Triebspitzen des Wiesen-Labkrauts oder Vogelmierenblätter.

Wildkräuter-Salat Junge, zarte Gierschblätter waschen und trocken schütteln. Sie ergeben einen köstlichen Salat, zum Beispiel mit einem leichten Joghurtdressing aus Olivenöl, Zitronensaft, Joghurt, Salz, Pfeffer, Knoblauch und etwas Rohrohrzucker. Treffen Sie bei Ihrer Suche auch auf Gänseblümchen, Löwenzahn, Hirtentäschel, Taubnessel oder Vogelmiere, können Sie diese gut miteinander kombinieren.

Blätterteig-Pastetchen mit Giersch-Gorgonzola-Füllung Giersch-Gemüse wie oben beschrieben zubereiten und mit etwas Gorgonzolakäse vermischen. Blätterteig-Pastetchen (gibt es fertig zu kaufen) im Backofen vorwärmen und mit dem Gemüse füllen.

Eingelegter Giersch Haben Sie Geschmack am Giersch gefunden? Dann schaffen Sie sich doch einen Vorrat an! Das Rezept stammt aus Russland und gleicht unserer Sauerkrautherstellung: Blätter und Stiele waschen, kurz mit kochendem Wasser überbrühen und gut abtropfen lassen. Das Kraut in Schichten von ca. 5 cm Dicke in ein Holzfass oder ein Steingutgefäß legen. Jede Lage salzen: Für 1 kg Giersch verwendet man 10–15 g Voll- oder Meersalz (keinesfalls jodiertes Speisesalz, denn dadurch wird die Milchsäuregärung behindert). Das Gemüse nach jeder Schicht immer wieder kräftig durchstampfen, bis sich reichlich Saft bildet. Als Starter für die Milchsäuregärung eignet sich auch naturbelassener Sauerkrautsaft. Zum Schluss die oberste Lage mit sauberen Steinen beschweren, die ausgetretene Flüssigkeit sollte deutlich über dem Kraut stehen (evtl. mit aufgekochtem und wieder abgekühltem Salzwasser auffüllen). Das Kraut etwa eine Woche bei Zimmertemperatur stehen lassen, sodass die Milchsäuregärung in Gang kommt. Danach an einem kühlen Ort im Keller lagern.

Knoblauchsrauke

Alliaria petiolata

Pflanzenportrait

Wenn die Sammelzeit für Bärlauchblätter mit der Blüte im Mai zu Ende geht, folgt mit der Knoblauchsrauke eine weitere wertvolle Wildpflanze mit Knoblaucharoma, um die Freuden der „Pesto-Saison" fortzusetzen. Auch wenn sie im Volksmund „Lauchkraut" heißt, gehört sie zu den Kreuzblütlern (Brassicaceae) und nicht wie Bärlauch zu den Lauchgewächsen. Sie bewirkt auch nicht den markanten „Mundgeruch", da sie kein Alliin besitzt. Dafür bringt der hohe Gehalt an Senfölglykosiden einen sehr ähnlichen, würzig-scharfen Geruch und Geschmack hervor.

Schon 4000 Jahre v. Chr. stand die Knoblauchsrauke hierzulande auf dem Speiseplan und gilt damit als das älteste bekannte heimische Gewürz. Neben der Verwendung der Blätter waren im Mittelalter ihre scharfen Samen ein Senf- und preisgünstiger Pfefferersatz. Auch als Heilpflanze wurde sie genutzt. Noch ist diese weit verbreitete Pflanze fast ein Geheimtipp – aber die Zeit für ihre Wiederentdeckung ist reif!!

Wuchs und Aussehen Die zwei-, gelegentlich auch mehrjährige Knoblauchsrauke wächst stark aufrecht und wird im ersten Wuchsjahr ca. 5–10 cm hoch, im Folgejahr bis zu 1 m. Form und Größe der wechselständig angeordneten Blätter variieren: Vom Boden bis zur Triebspitze hin werden die Blätter kleiner. Nahe am Boden sind sie rundlich und nierenförmig mit welligen Rändern. Weiter oben nehmen sie eine dreieckige Grundform an und laufen spitz zu, hier sind die Ränder gezahnt. Allen Blättern gemeinsam ist ihre hellgrüne, frühlingshaft frische Färbung und die deutlich sichtbaren, netzartig angeordneten Blattadern. Die weißen Blüten der Knoblauchsrauke bestehen aus vier Blütenblättern, sind nur etwa 5 mm groß und stehen in Trauben an den Triebspitzen. Nach der Blüte bilden sich zunächst grüne, später braune, zweikantige Schoten, die bis zu 3 cm lang werden und in denen die Samen bis zum Hochsommer heranreifen. Bis zum Einbruch des Winters wachsen sie zu niedrigen Jungpflanzen mit nierenförmigen, langgestielten Blättern heran – gerade in der kalten Jahreszeit ein wertvolles Sammelgut.

Typisch: *Besonders beim Zerreiben der Blätter erkennt man die Knoblauchsrauke am scharf-würzigen, knoblauchähnlichen Geruch. Auch die weißen, kreuzförmig angeordneten Blüten aus vier Blütenblättern sind charakteristisch („Kreuzblütler").*

Vorkommen Die Knoblauchsrauke gedeiht oft in üppigen Beständen entlang halbschattiger Waldwege, an Hecken und Waldrändern sowie an eher feuchten, halbschattigen und nährstoffreichen Standorten. Ihre Wurzeln sondern ein Sekret ab, das andere Pflanzen von ihr fernhält, darum wächst sie häufig in Massenbeständen.

Charakteristische Inhaltsstoffe Die Knoblauchsrauke enthält Saponine, ätherisches Öl und Senfölglykoside. Sie besitzt reichlich Vitamin A und C, sowie Mineralstoffe (Kalzium, Phosphor) und Spurenelemente (Eisen, Mangan). Um ihr ganzes Potenzial zu nutzen, isst man die Pflanze roh.

Vorbeugen und Heilen mit der Knoblauchsrauke Heute kaum noch bekannt, wurde die Pflanze in der Volksmedizin wegen ihrer antibakteriellen, pilz- und keimhemmenden Eigenschaften geschätzt und auch als Wurmmittel eingesetzt. Knoblauchsrauke wirkt verdauungsfördernd, harntreibend und blutreinigend. Früher nutzte man einen Aufguss der Pflanze zum Gurgeln bei Atemwegserkrankungen und Asthma. Noch heute werden die Blätter gern als Bestandteil einer Frühjahrskur gebraucht und (in zerquetschter Form) als Soforthilfe bei Insektenstichen oder der frische Saft bei Mund- und Rachenentzündungen.

Achtung! Zu große Mengen Knoblauchsrauke, dauerhaft eingenommen, können die Magenschleimhaut reizen!

Sammeltipps

Zu beinahe jeder Jahreszeit bietet die Knoblauchsrauke essbare Pflanzenteile: mild-würzige Blätter und Triebspitzen, scharfe Blüten, pfeffrige Samen und pikante Wurzeln.

Verwendete Pflanzenteile und Erntezeiten

Das Frühjahr ist die beste und ergiebigste Sammelzeit für zarte, aromatische, junge Blätter. Dabei erntet man (möglichst vor der Blüte) die obersten jungen Blätter samt Triebspitzen – oder die rundlich-nierenförmigen Blätter vom Grund der Pflanze. Letztere bieten sich auch im Herbst/Winter noch an. Wenn, wie es häufig der Fall ist, am Fundort zahlreiche Exemplare vorhanden sind, kann man guten Gewissens auch einige Wurzeln von einjährigen Pflanzen (Merkmale: niedrig, nierenförmige Blätter, ohne Stängel) ernten. Ab Juni können die erst noch grünen, später braunen Samen gesammelt werden.

runde Blätter am Grund	Oktober – März
Triebspitzen, junge Blätter	April – Juni
Blüten	Mai – Juni
Junge Schoten, grüne Samen	Juni
Reife Samen	Juli–August
Wurzel	Oktober – März

Mögliche Verwechslungsgefahr Im März können die ganz jungen Blätter mit dem Scharbockskraut (Ranunculus ficaria L.) verwechselt werden. Das ist allerdings nur während und nach der Blütezeit (sternförmige, buttergelbe Blüten!) gefährlich, da der Alkaloidgehalt der Scharbockskrautblätter dann zu Magen-, Darm und Nierenreizungen führen kann. Die Blätter des Scharbockskrauts sind dunkelgrün und auffällig glänzend; die Blattoberfläche ist glatt. Machen Sie einen Geruchstest: Die zerriebenen Blätter der Knoblauchsrauke riechen eindeutig nach Knoblauch! Im jungen, niedrigen Stadium sehen sie auch dem ebenfalls essbaren Gundermann (Glechoma hederacea) ähnlich.

Rezepte

Frische, gehackte junge Blätter würzen Gerichte und Saucen. Ganz sind sie eine pikante Zutat für Salate. Zum Trocknen sind sie nicht, zum Einfrieren gut geeignet. Die Wurzeln schmecken deutlich schärfer und können wie Meerrettich verwendet werden.

Wildes Pesto Je 1 Handvoll Knoblauchsraukenblätter (oder -blüten, auch junge, weiche Schotenfrüchte) und z. B. Giersch- oder Löwenzahnblätter waschen und grob zerkleinern. 1 Handvoll Mandeln, Nüsse oder Pinienkerne ohne Fett anrösten, bis sie duften. Zuerst Blätter, dann Nüsse und ca. 100 ml hochwertiges Olivenöl in einen Mixer geben und grob pürieren. Mit 1/2 TL Vollsalz, 1/2 TL Birnendicksaft und 1 Prise Pfeffer abschmecken. In ein sauberes Schraubdeckelglas füllen, mit Olivenöl bedecken, verschließen und kühl stellen. Zu Pasta, Salat, in Saucen oder aufs Brot.

Knoblauchsrauke-Frischkäse-Aufstrich Pro 100 g Frischkäse 1 Handvoll fein gehackter Knoblauchsraukenblätter (und evtl. junge Schoten) untermischen. Den Aufstrich mit Salz, eventuell Pfeffer, Sahne/Rahm und/oder Olivenöl abschmecken. Mit Knoblauchsraukenblüten garnieren. In einer Vorratsdose ist dieser Aufstrich im Kühlschrank einige Tage haltbar. Schmeckt auch als Dip, z. B. zu Pellkartoffeln.

Rezept-Tipps: Grüne Samen können als pikante Würze verwendet werden und lassen sich gut in Öl einlegen. Für ein Würzpulver reife, dunkle Samen im Mörser zerstoßen oder in der elektrischen Mühle mahlen (für ein Würzsalz im Verhältnis 1:1 mit natürlichem Steinsalz mischen. Die Samen mit Salz und etwas Essig gemörsert ergeben Knoblauchsrauken-Senf. Im Winter lassen sich auch gut Keimlinge daraus ziehen.

Gefüllte Tomaten mit Dinkelschrot und Knoblauchsrauke Als Hauptgericht pro Portion zwei bis drei Tomaten waschen, einen Deckel abschneiden und die Tomaten mit einem Löffel aushöhlen. Pro Portion 120 g Dinkelschrot in wenig Gemüsebrühe zu einem dicken Brei garen, Flüssigkeit bei Bedarf nachgießen. Zwiebelwürfel und Sonnenblumenkerne in Öl anbraten, zum Dinkelbrei geben. Je Portion eine Handvoll klein gehackte Knoblauchsrauke und ein Ei untermischen. Mit Salz, Pfeffer und Curry abschmecken. Tomaten mit der Masse füllen, Deckel aufsetzen und in einer Auflaufform bei 220 °C ca. 15 Minuten backen. Passt mit Tomatensauce gut zu Reis oder Hirse.

Knoblauchsrauken-Würzöl Junge Triebspitzen mit unzerkleinerten Blättern und Blüten in eine saubere, sterilisierte Flasche stecken. Mit Olivenöl auffüllen, sodass kein Pflanzenteil über dem Öl steht, und die Flasche verschließen. Nach drei bis vier Wochen ist das Öl aromatisiert, die Pflanzenteile können jedoch darin verbleiben.

Wildes Pesto

Löwenzahn

Taraxacum officinalis

Pflanzenporträt

Der Löwenzahn gehört zur Familie der Korbblütler (Asteraceae). Der deutsche Name leitet sich von seinen stark gezackten Blättern ab, da man sich früher – ohne je einen Löwen gesehen zu haben – das Gebiss eines Löwen so vorstellte. Trotz der traditionellen Verwendung als Medizinalpflanze (Taraxum officinalis) ist der Löwenzahn für die meisten Menschen nur eine bedeutungslose Allerweltspflanze. In der neueren Taxonomie wird er als Taraxum sect. Ruderalia bezeichnet. Für den Begründer der Makrobiotik, den Japaner George Oshawa, gilt hingegen: „Wo diese herrliche Pflanze wächst, braucht man keinen Ginseng einführen!" Ginseng gilt in Asien als Allheilmittel und den Körper unterstützendes Tonikum (Stärkungsmittel). Unser Löwenzahn kommt dem in seinen Wirkungen schon recht nahe. In der makrobiotischen Ernährungslehre ist er daher eines der besten Nahrungsmittel für den westlichen Menschen.

Wuchs und Aussehen Löwenzahn wächst hierzulande fast überall. Seine buchtig und sägezahnartig ausgeschnittenen Blätter bilden zusammen eine Blattrosette. Je nach Standortbedingungen wachsen die Blätter flach auf dem Boden liegend oder aufrecht stehend. Sie werden 5–40 cm hoch. Charakteristisch für den Löwenzahn sind die kräftigen Pfahlwurzeln, die leuchtend gelben Blütenköpfe und die sich aus der Blüte entwickelnde „Pusteblume": Durch die kugelförmig angeordneten Flugsamen mit weißem Schirm vermehrt sich die Pflanze rasch weiter.

Typisch: *Alle Pflanzenteile enthalten einen weißen Milchsaft, der sich unter Lufteinfluss bräunlich verfärbt. Dieser ist keineswegs giftig, wie oft angenommen wird.*

Vorkommen Löwenzahn ist ein weitverbreitetes Wildkraut. Im Frühjahr leuchten gedüngte Wiesen im satten Gelb der Löwenzahnblüten, zwei Wochen später ist die Luft voller Pusteblumensamen. Zur Sammlung des Löwenzahns empfiehlt es sich, ungedüngte, naturnahe Standorte aufzusuchen: der eigene Rasen, Ränder von Feld- und lichten Waldwegen, Brachflächen und naturnah bewirtschaftete Wiesen.

Charakteristische Inhaltsstoffe Das Wildgemüse ist sehr vitaminreich, besonders hoch ist die Konzentration der Vitamine C und D. Weiterhin enthält die Wildpflanze sehr viel Kalium, wertvolle Bitterstoffe, Flavonoide, Kumarine, Schleimstoffe, Eiweiß und Inulin (vor allem im Herbst).

Vorbeugen und Heilen mit Löwenzahn Der ursprüngliche botanische Name „officinalis" weist darauf hin, dass Löwenzahn eine altbewährte Heilpflanze ist. Die enthaltenen Bitterstoffe regen Galle und Leber an – und bewirken so eine Steigerung der körpereigenen Entgiftungsfunktion. Im Zusammenspiel mit dem hohen Vitamingehalt und dem Reichtum an Kalium, das entwässernd wirkt, bietet Löwenzahn dem Körper wirksame Hilfe zur Selbsthilfe: bei Beschwerden der Leber, Gicht, rheumatischen Krankheitsbildern und Verdauungsbeschwerden.

Sammeltipps

Die Pflanze hat fast ganzjährig Saison! Nur im tiefen Winter bei gefrorenem Boden muss man auf frischen Löwenzahn verzichten. Eine fast durchgängige Ernte ist möglich, da der Löwenzahn mit einer grundständigen Blattrosette überwintert.

Verwendete Pflanzenteile und Erntezeit Die ganze Pflanze, also Wurzel, Blätter, Stiele und Blüten, kann in der Küche verwendet werden. Wenn draußen durchgängig Minustemperaturen herrschen, können Sie für Heilzwecke auf einen Vorrat an getrockneten Blättern oder auf Saft aus dem Reformhaus zurückgreifen. Das Sammeln wird zum Frühjahrsbeginn einfacher, wenn die zarten Blätter zu sprießen beginnen. Während der Blütezeit im April/Mai ist der Tisch besonders reich gedeckt.

Wurzel und Blätter	fast ganzjährig, beste Erntezeit: April – September
Stiele und Blüten	April – Mai, schwächere Nachblüte im Herbst
Wurzeln	November – Februar

Rezepte

Löwenzahn-Salat Zu Beginn die Blätter gründlich waschen. Die zarten Blätter im März/April können ganz verwendet werden, große Sommerblätter in feine Streifen schneiden. Falls Blüten an den Pflanzen vorhanden sind, werden diese auch geerntet, ausgeklopft und fein gezupft. Dazu passen zwei Dressings:

Mildes Joghurtdressing Naturjoghurt mit Salz, Pfeffer, grobem Ganzkornsenf, etwas Balsamessig oder Zitronensaft, Rohrohrzucker und frisch gepresstem Knoblauch würzen.

Deftiges Dressing In einer kleinen Pfanne feine Zwiebelwürfel in gutem Pflanzenöl dünsten. Eine gekochte Kartoffel zerstampfen, den zerdrückten Knoblauch und die Gemüsebrühe dazugeben. Mit Salz und Pfeffer abschmecken und mit dem Zwiebel-Öl-Gemisch vermengen.

Rezept-Tipp: Wem die rohen Löwenzahnblätter zu bitter schmecken, legt diese vor der Zubereitung für zehn Minuten in kaltes Wasser, um die Bitterstoffe herauszulösen. Gesünder ist es, das Bittere mit anderen Zutaten, beispielsweise mit Äpfeln, zu mildern.

Löwenzahnwurzel-Gemüse Löwenzahnwurzeln ausstechen, reinigen und in feine Streifen schneiden. In einer Pfanne Zwiebelwürfel in Oliven- oder Sonnenblumenöl glasig dünsten. Das Wurzelgemüse hinzugeben, mit etwas Gemüsebrühe ablöschen und langsam garen lassen. Mit etwas Rohrohrzucker, Salz, Pfeffer und Knoblauch würzen.

Löwenzahnblüten-Gemüse auf asiatische Art Knospen und gerade aufgeblühte Blüten sammeln und waschen oder ausklopfen. In einer Pfanne Zwiebelwürfel mit Sonnenblumenkernen oder Cashewnüssen in Olivenöl andünsten. Mit Gemüsebrühe und Sojasauce ablöschen und die Blüten hinzugeben. Nach Belieben mit Salz, Pfeffer, Knoblauch, Curry und Chili würzen. Die Sauce mit etwas Erdnussbutter sämig machen und als Geschmacksverstärker frischen Zitronensaft und etwas Rohrohrzucker hinzugeben.

Ein ayurvedisch anmutendes Gericht, das gut zu Reis oder Hirse passt und alle Geschmacksrichtungen vereint: süß, sauer, scharf, salzig und bitter.

Löwenzahn-Pesto Gewaschene, klein geschnittene Löwenzahnblätter, falls vorhanden auch Löwenzahnblüten, einige Knoblauchzehen, leicht angeröstete Pinien- und Sonnenblumenkerne, Pecorino oder Parmesan sowie Salz, Pfeffer und kalt gepresstes Olivenöl in einem Mörser zerkleinern. Wem die Zubereitung im Mörser zu aufwendig ist, kann das Pesto auch mit dem Stabmixer zubereiten. Dann jedoch nur kurz anpürieren, weil sonst die Konsistenz zu musartig wird. Sie können das Pesto entweder frisch zu Pasta oder als Brotaufstrich verzehren. Mit Öl bedeckt, ist es im Kühlschrank einige Tage lang haltbar; ohne Käse zubereitet hält es so bis zu einem halben Jahr.

Deftiger Löwenzahn-Kartoffelsalat Pellkartoffeln garen, abkühlen lassen, schälen. Feine Zwiebelwürfel und gewürfelten Räuchertofu in einer Pfanne mit etwas Olivenöl anbraten. Frische Löwenzahnblätter mit Blüten und Stielen waschen und klein schneiden, mit Wasser, Salz, Pfeffer und einer Prise Rohrohrzucker in einen Topf geben und das Ganze auf kleiner Flamme fünf bis acht Minuten garen. Pellkartoffeln in Scheiben oder Würfel schneiden und in eine Salatschüssel geben. Etwas salzen und auf „rheinische Art" mit Mayonnaise (alternativ: Schmand oder Sauerrahm), Senf, frisch gepresstem Knoblauch und Zitronensaft würzen. Oder auf „süddeutsche Art" mit Salz, weißem Pfeffer, Essig und Gemüsebrühe zubereiten. Löwenzahngemüse, Zwiebel- und Tofuwürfel noch warm untermengen. Salat etwas ziehen lassen und lauwarm servieren.

Löwenzahn-Gelee Löwenzahnblüten sammeln und gründlich ausklopfen. Ein Literbecher voll Blüten mit 1 l frischem Trinkwasser zwei Minuten auf kleiner Flamme kochen, über Nacht zugedeckt ziehen lassen. Abseihen und 750 ml Flüssigkeit abmessen. Mit 1 kg Gelierzucker (oder 500 g „1:2 Gelierzucker") und dem Saft von einer Zitrone aufkochen, drei Minuten sprudeln lassen und rasch in ausgekochte Schraubverschlussgläser füllen.

„Fit in den Tag"-Saft Ein Saft, der die Lebensgeister weckt: Gewaschene Löwenzahnblätter mit Äpfeln, Kiwis und Möhren in den Entsafter geben und mit einem Spritzer kalt gepresstem Pflanzenöl vermischen (damit die fettlöslichen Vitamine besser aufgeschlossen werden können).

Löwenzahnwurzel-Kaffee Wurzeln ausgraben und mit einer Gemüsebürste unter fließendem Wasser gründlich reinigen. Die Wurzeln in kleine Stücke, etwa so groß wie Kaffeebohnen, schneiden. Die Stückchen an einem warmen, luftigen Ort (ohne direkte Sonne) einige Tage zum Trocknen auslegen oder einen Dörrapparat verwenden. Danach die Wurzelstücke auf ein Backblech legen und bei mittlerer Hitze unter Wenden rösten, bis sie schön braun sind (Achtung: nicht schwarz werden lassen!).
Die „Kaffeebohnen" in einem luftdicht verschlossenen Gefäß oder einer Kaffeedose dunkel lagern. Die „Bohnen" am besten unmittelbar vor der Zubereitung des „Kaffees" mahlen. Dann das „Kaffeepulver" in Einweg-Teebeutel füllen und mit heißem Wasser übergießen. Nur zwei bis drei Minuten ziehen lassen, sonst wird der Geschmack bitter.

Vogelmiere

Stellaria media

Pflanzenporträt

Die Vogelmiere ist ein Nelkengewächs (Caryophyllaceae). Der Name deutet darauf hin, dass die zahlreichen, nahrhaften Samen bei Singvögeln im Winter begehrt sind.

Wuchs und Aussehen Die vitale und vermehrungsfreudige Pflanze wächst eher flach kriechend als aufrecht. Daher wird sie auch bei üppigem Wuchs an günstigen Standorten kaum höher als 20 cm. Gedeiht sie zum Beispiel alleine auf einem brachliegenden Gemüsebeet, bildet sie dichte Polster, während sie sich in einer Wiese an benachbarten Grashalmen abstützt und daher höher wirkt. Die kleinen Blättchen sind hellgrün und stehen immer zu zweit gegenständig an den Trieben. Die Grundform der zarten Blätter ist eiförmig, mit einer kurzen Spitze nach außen. Typisches Kennzeichen der Vogelmiere sind die im Durchschnitt runden Triebe, die bis auf eine längs verlaufende Haarreihe unbehaart sind. Die Blütenstiele wachsen aus den Blattachseln heraus, dabei trägt jeder Stiel nur eine Blüte. Die grünen Kelchblätter unter der kleinen Blüte sind behaart und meistens sogar etwas länger als die weißen Blütenblätter.

***Typisch:** Die winzigen weißen Blüten sind nur wenige Millimeter groß und sehen aus wie kleine Sterne. Dieser Eindruck entsteht durch die tiefe Einkerbung der fünf Blütenblätter, die wie zehn Strahlen wirken, was auf dem Titelbild des Buches gut zu erkennen ist.*

Vorkommen Ursprünglich stammt die Vogelmiere aus Europa. Infolge der Kolonisierung und der weltweiten Handelsbeziehungen hat sich das zarte Pflänzchen heute in allen Ländern der Erde ausgebreitet und wurde so zum „Kosmopolit". Zwar bevorzugt die Miere humose, gut mit Nährstoffen versorgte, eher feuchte Böden in halbschattigen Lagen – was ihren Standorteangeht, ist sie jedoch nicht wählerisch. Man begegnet ihr auf Gartenbeeten, in Balkonkästen und Blumentöpfen, auf feuchten Wiesen, an Wald- und Wegrändern, Mauern, Zäunen und auf Brachland. Wer seine Augen erst einmal „auf Vogelmiere geeicht" hat, wird sie überall entdecken!

Charakteristische Inhaltsstoffe Die Vogelmiere ist reich an Mineralstoffen und Spurenelementen (hauptsächlich Kalzium, Kalium, Magnesium, Eisen, Selen). Sie enthält viele Vitamine, vor allem Vitamin A und C, sowie B_1, B_2 und B_3. Die relativ seltenen B-Vitamine und der hohe Eisengehalt sind besonders wertvoll. Bei den sekundären Pflanzenstoffen sind die Saponine, Flavonoide und Schleimstoffe hervorzuheben.

Vorbeugen und Heilen mit Vogelmiere Der Genuss der Vogelmiere hat auf den gesamten Organismus eine reinigende und kräftigende Wirkung. Die Inhaltsstoffe wirken kühlend, entzündungshemmend und sind sehr förderlich für die Verdauung. Die in der Vogelmiere enthaltenen Saponine können zwar vom menschlichen Körper nicht direkt aufgenommen werden, bewirken jedoch eine verbesserte Aufnahme von Nährstoffen aus dem Darm.

Sammeltipps

Die Vogelmiere kann ganzjährig gesammelt werden. Die Ernte fällt in der Zeit von April bis November natürlich leichter, da die Pflanzen während der Vegetationsperiode üppige Kissenpolster mit kräftigen Triebspitzen ausbilden.

Verwendete Pflanzenteile und Erntezeit In der Küche werden die saftig-zarten Triebspitzen einschließlich der Blüten zubereitet. Der Geschmack der Vogelmiere erinnert an jungen Mais, angenehm erfrischend und mild-aromatisch. Im Winterhalbjahr braucht man etwas Geduld, um die kleineren Triebspitzen aus den zum Teil abgestorbenen und gefrorenen Pflanzenteilen herauszulösen. Am einfachsten ist es, dies gleich an der frischen Luft zu tun.

Triebspitzen, auch mit Blüten	fast ganzjährig, die beste Erntezeit ist von April bis November

Rezepte

Vogelmieren-Salat Zu der zarten, erfrischenden Miere passt ein leichtes Joghurtdressing mit etwas Zitronensaft, Distelöl und Senf.

Vogelmieren-Spinat In etwas Öl Zwiebelwürfel glasig dünsten. Die Triebspitzen der Vogelmiere waschen, fein hacken und zu den Zwiebelwürfeln geben. Mit etwas Wasser ablöschen, leicht salzen und pfeffern. Das Wildgemüse ist nach drei bis fünf Minuten gar, je nach Konsistenz der Triebspitzen. Nach Belieben mit Crème fraîche, Zitronensaft und frisch gepresstem Knoblauch verfeinern.

Rezept-Tipp: Der unaufdringliche, milde und feine Geschmack der Vogelmiere passt zu allerlei Gemüsegerichten. Mischen Sie die Triebspitzen einfach unter das Kulturgemüse – der Fantasie sind keine Grenzen gesetzt.

Vogelmieren-Salat

Bunter Basmatireis mit Vogelmiere, Mais und Paprika Basmati- oder Duftreis zubereiten. In einer Pfanne Zwiebelwürfel in Öl anschwitzen, rote Paprikawürfel zugeben und garen lassen. Maiskörner hinzufügen und mit Salz, Pfeffer und Currypulver abschmecken. Frische, zarte Triebspitzen der Vogelmiere waschen und fein wiegen. Zusammen mit dem gedünsteten Gemüse unter den heißen Basmatireis heben.

Wildgemüse-Strudel Aus Giersch- und Brennnesselblättern wie beim Vogelmieren-Spinat auf Seite 58 ein Gemüse zubereiten. Kurz vor Ende der Garzeit die Triebspitzen der Vogelmiere dazugeben. Mit Salz, Pfeffer und Knoblauch würzen, mit Agar-Agar oder Johannisbrotkernmehl abbinden. Schafskäse klein würfeln und unter das noch warme Gemüse mengen. Aus Mehl, Butter, Hefe, etwas Salz und Zucker einen Strudelteig zubereiten, dünn zu Rechtecken ausrollen oder ausziehen und mit der Gemüsefüllung bestreichen. Zusammenrollen und in einer gefetteten Form 20–25 Minuten bei 180 °C im Backofen auf mittlerer Schiene backen.

Polenta-Pizza mit Vogelmiere Polenta nach Anleitung in Gemüsebrühe zubereiten und noch heiß auf einem mit Backpapier ausgelegten Kuchenblech gleichmäßig als Pizzaboden verteilen. Einige Stunden oder über Nacht ruhen lassen. Für den Belag den „Pizzaboden" mit einer Sauce aus passierten Tomaten, die mit Salz, etwas Chili und Knoblauch gewürzt wurde, bestreichen. Darüber eine Schicht aus gewaschenen, trocken geschleuderten und grob gehackten Triebspitzen der Vogelmiere verteilen. Zum Schluss mit dünnen Tomaten- und Mozzarellascheiben belegen. Die Pizza im Backofen bei mittlerer Hitze backen, bis die Tomatenscheiben gar sind und der Käse goldbraun verlaufen ist.

Vogelmieren-Smoothie für die Winterzeit Zwei Handvoll Vogelmieren-Triebspitzen waschen und trocken schleudern. Mit Wasser, unbehandelter Bio-Limette, Apfel, geschälter Banane und Avocado sowie Gewürzen wie Ingwer, Kurkuma oder Chili in einem Hochleistungsmixer zu einem grünen Winter-Smoothie in Minutenschnelle zubereitet.

Schmalblättriges Weidenröschen

Epilobium angustifolium

Pflanzenporträt

Das Schmalblättrige Weidenröschen gehört zur Familie der Nachtkerzengewächse (Onagraceae). Alle mitteleuropäischen Weidenröschenarten sind essbar. Das Schmalblättrige Weidenröschen wurde deshalb in die Gruppe der wichtigsten essbaren Wildpflanzen aufgenommen, da es im Vergleich die größte Ernte ermöglicht, wertvolle Inhaltsstoffe bietet und in waldreichen Mittelgebirgen oft in Massenbeständen vorkommt.

Wuchs und Aussehen Die Pflanze hat einen aufrechten, kerzenartigen Wuchs und wird bis zu 1,5 m hoch. Der Haupttrieb ist nur selten verzweigt. Die Blätter wachsen ohne oder nur mit einem sehr kurzen Stiel. Sie sind auf der Unterseite bläulich gefärbt. Ein weiteres Kennzeichen des Weidenröschens ist der hellgrüne, ausgeprägte Blattnerv in der Mitte der länglich-schmalen Blätter. Die violetten Blüten der Kerze blühen von unten nach oben durch; auch bei den Früchten bilden sich zuerst die unten stehenden. Sind die bis zu 5 cm langen Früchte reif, geben sie die Samen mit federartigem Anhängsel frei.

***Typisch:** Im oberen Drittel trägt der Stängel die leuchtend violetten Blüten; im unteren Teil sind die schmalen Blätter angeordnet, nach denen die Pflanze ihren Namenszusatz erhalten hat.*

Vorkommen Das Schmalblättrige Weidenröschen ist eine Pionierpflanze. Es kommt oft in Massenbeständen vor, besonders auf Kahlschlagflächen, in Hochstaudenfluren der Mittelgebirge und in den Alpen bis auf ca. 1800 m Höhe.

Vorbeugen und Heilen mit Schmalblättrigem Weidenröschen Die Wildpflanze enthält wertvolle Flavonoide, Tannine und Provitamin A. Besonders reich ist sie an Magnesium und Vitamin C (siehe Tabelle, Seite 9). Das Weidenröschen wirkt entzündungshemmend; als Tee hilft es bei Magen- und Darmentzündungen sowie bei Schwierigkeiten mit dem Wasserlassen bei einer gutartigen Vergrößerung der Prostata.

Sammeltipps

Triebspitzen und Blüten des Schmalblättrigen Weidenröschens sind eine schöne Ergänzung auf dem Speiseplan, die Blätter schmecken etwas säuerlich.

Verwendete Pflanzenteile und Erntezeit Die zarten Triebspitzen können Sie zwischen April und Juli ernten. In der Küche verarbeitet man sie zu Salaten und Gemüse. Genauso verwendet wird die violette Blütenpracht, die sich zwischen Juni und August zeigt. Die Stängel sind ungenießbar holzig, nur als ganz junge Stocksprossen können sie wie Spargel zubereitet werden.

Triebspitzen und Blätter	Mai – August
Blüten	Juni – August

Rezepte

Weidenröschen-Gemüse Die Zubereitung entspricht dem „Klee-Gemüse" (siehe Seite 66), die Garzeit für die Blätter des Weidenröschens verlängert sich jedoch um etwa 15 Minuten, da sie eine stark ausgeprägte Mittelrippe haben. Sie können sehr gut mit anderem Wildgemüse wie Giersch, Vogelmiere oder Brennnessel kombiniert werden. Bei der ausschließlichen Verwendung von Blüten verkürzt sich die Garzeit. Allerdings verlieren diese beim Kochen weitgehend ihre leuchtend violette Farbe.

Rezept-Tipp: *Die kräftige Farbe der Blüten ist ein echter Hingucker auf dem Teller – jedoch nur in rohem Zustand, da sie beim Erwärmen ihre Farbe nahezu verlieren.*

Hochsommerlicher Blütensalat Die Weidenröschenblüten und die orangefarbenen Blüten der Kapuzinerkresse zu gleichen Teilen auf Tellern anrichten und mit einer süß-säuerlichen Salatsauce aus Ahornsirup oder Birnendicksaft, Zitronensaft und etwas Salz beträufeln. Die Kombination aus violetten und orangenen Blütenköpfen ergänzt sich farblich auf wunderschöne Weise – Violett und Orange sind Komplementärfarben. Die Blüten harmonieren auch geschmacklich vorzüglich: Das leicht bittere Weidenröschen trifft auf die pfeffrige Kapuzinerkresse und die süß-säuerliche Note des Dressings.

Weidenröschen-Nudelsalat Triebspitzen vom Weidenröschen in einen Topf geben und mit Salzwasser auffüllen, sodass sie gerade bedeckt sind. 10–15 Minuten köcheln lassen, dann mit einem Schaumlöffel herausnehmen und abkühlen lassen. Den Sud auf die Seite stellen. Die gegarten Triebspitzen ähnlich wie Schnittlauchröllchen in kurze Stücke von etwa 3 mm Länge schneiden. Penne oder Spirelli im Weidenröschen-Sud al dente kochen, dabei eventuell Wasser zugeben. Mit kalt gepresstem Olivenöl, Zitronensaft, etwas Senf, Salz und Pfeffer würzen. Kurz vor dem Servieren frische, fein gehackte Weidenröschen-Blüten unterheben und den Salat damit bestreuen.

Gefüllte Tomaten oder Paprika Das Weidenröschen-Gemüse oder Mischgemüse wie oben beschrieben zubereiten. Bei Tomaten und/oder Gemüsepaprika auf der Oberseite einen Deckel abschneiden und die Früchte innen aushöhlen. Für die Füllmasse Dinkelflocken in wenig warmer Gemüsebrühe quellen lassen. Anschließend Dinkelmehl hinzufügen und daraus eine Bratlingmasse herstellen. Mit Knoblauch, Salz und Pfeffer abschmecken. Das Weidenröschen-Gemüse und ein bis zwei Eier untermengen. Die Früchte mit der Masse füllen, den Deckel aufsetzen und alles in eine Auflaufform geben. Etwas Gemüsebrühe und Olivenöl zugießen und im vorgeheizten Ofen garen lassen. Passende Beilagen sind Reis oder Hirse mit einer fruchtigen Tomatensauce. Lecker schmecken auch Weidenröschen-Dinkel-Bratlinge aus derselben Masse – kalt oder warm, am liebsten mit Senf!

Roter Wiesen-Klee

Trifolium pratense

Pflanzenporträt

Der Rote Wiesen-Klee gehört zu den Schmetterlingsblütlern (Fabaceae). Sein lateinischer Name bedeutet „das Dreiblatt der Wiese".

Wuchs und Aussehen Der Rote Wiesen-Klee wird bis zu 35 cm hoch und ist mit seinen rundlichen, rotvioletten Blüten nicht zu übersehen. Die charakteristischen, dreiteiligen Blätter haben nur einen sehr kurzen Stiel oder sind unterhalb der Blütenköpfe oft gar nicht bestielt. Die Blütenköpfe werden etwa 1–2 cm groß. Aus den Blattachseln treibt die Pflanze unermüdlich neue Triebe und Blüten hervor. Auf ungemähten Wiesen findet man ab Juli bis in den Herbst hinein an einer Pflanze alle Stadien der Entwicklung gleichzeitig: zarte junge Triebe, Blütenknospen, Blüten, verwelkte Blüten und Samenstände.

***Typisch:** Roter Wiesen-Klee kommt fast überall in Mitteleuropa häufig vor und ist durch die auffällige, rotviolette Blüte leicht zu erkennen.*

Vorkommen Auf nährstoffreichen, eher lehmigen Böden gedeiht das Wildgemüse besonders gut. Wie bei Klee oft üblich, vermehren sich einzelne Pflanzen an einem für sie geeigneten Standort vegetativ stark weiter. Der Rote Wiesen-Klee ist eine häufig anzutreffende Pflanze der blumenreichen Bergwiesen in den Mittelgebirgen und in den Alpen, wo man ihn bis auf 2000 m Höhe finden kann. Dabei verringert sich die Wuchshöhe bei steigender Meereshöhe.

Charakteristische Inhaltsstoffe Sehr hoher Gehalt an Provitamin A (siehe Tabelle, Seite 9), reich an Mineralstoffen, Isoflavonen (Pflanzenöstrogenen) und Eiweiß. Die außergewöhnliche Konzentration und Kombination von Inhaltsstoffen macht den Roten Wiesen-Klee zu einem besonders wertvollen Lebensmittel.

Vorbeugen und Heilen mit Rotem Wiesen-Klee Obwohl der Rote Wiesen-Klee nicht als klassische Heilpflanze gilt, ist er für die Ernährung ausgesprochen bedeutsam: Von allen Wildpflanzenarten enthält er den höchsten Anteil an Provitamin A (Betacarotin), das die Erhaltung der Sehkraft fördert. In dieser Eigenschaft übertrifft er sogar sämtliche Kulturgemüse, außer der dafür bekannten Karotte (siehe Tabellen in der Einführung).
In letzter Zeit wird den enthaltenen Isoflavonen immer größere Aufmerksamkeit geschenkt. Die Pflanzenöstrogene werden im Rahmen einer naturheilkundlichen Behandlung bei Wechseljahresbeschwerden eingesetzt und dienen auch zur Vorbeugung gegen hormonabhängige Krebserkrankungen von Brust, Gebärmutter und Prostata.

Sammeltipps

Der Rote Wiesen-Klee ist ein Dauerblüher und zeichnet sich durch eine lange Erntezeit aus. Auch der eng verwandte Weiß-Klee (Trifolium repens) ist essbar, ebenso der Wald-Sauerklee (Oxalis acetosella); letzteren sollte man allerdings wegen der z.B. auch in Spinat enthaltenen Oxalsäure nicht dauerhaft in größeren Mengen verzehren.

Verwendete Pflanzenteile und Erntezeit Suchen Sie auch dieses Wildgemüse auf natürlich bewirtschafteten, ungedüngten Wiesen. Dort trifft man von Ende April bis in den Oktober häufig auf ganze Tuffs der Blütenpflanzen. An solchen Stellen haben Sie innerhalb weniger Minuten genügend Wiesen-Klee für eine ganze Mahlzeit gesammelt.
Zarte junge Triebe, Blätter und Blüten können roh als Salat oder gedünstet als Gemüse verwendet werden. Wenn Ihnen die Blütenköpfe (ohne grüne Teile) im Salat zu bissfest sind, dann zupfen Sie die Blüten klein.

Triebe, Blätter und Blüten	Hauptsaison ist von Ende April bis Oktober

Rezepte

Klee-Gemüse Fein gehackte Zwiebel in Oliven- oder Sonnenblumenöl glasig dünsten, mit Sojasauce und Wasser ablöschen. Gewaschene und trocken geschleuderte Kleeblätter und -blüten (ohne grüne Teile) hinzugeben und mit etwas Salz, einer Prise Rohrohrzucker, Pfeffer, Currypulver und Knoblauch würzen. Bei mäßiger Hitze zugedeckt ca. zehn Minuten dünsten. Die Blütenköpfe saugen viel Wasser auf, daher eventuell noch etwas Flüssigkeit nachgießen. Zum Schluss mit etwas Sahne und/oder Zitronensaft verfeinern.

Gefüllte Pfannkuchen Aus Mehl, Eiern, Milch oder Mineralwasser einen Pfannkuchenteig herstellen. In einer schweren Pfanne helle Pfannkuchen ausbacken. Das Klee-Gemüse wie oben beschrieben zubereiten. Gleichmäßig auf den fertigen Pfannkuchen verteilen, dabei außen einen Rand freilassen. Die Pfannkuchen zusammenrollen und in einer ofenfesten Form mit Pecorino überstreut kurz gratinieren.

Bunte Gemüsereispfanne mit Rotem Wiesen-Klee Naturreis in Gemüsebrühe gar kochen. Das Klee-Gemüse wie oben beschrieben zubereiten, ergänzt um kleine Karotten- und Kartoffelwürfel (festkochende Sorte), die mitgedünstet werden. Gegen Ende der Garzeit gekochte Erbsen und den Naturreis unterheben.

***Rezept-Tipp:** Die intensive Farbe der Blüten wirkt auf dem Teller besonders ungewöhnlich und dekorativ – sowohl als ganze Blütenköpfe (ohne Grün) als auch gezupft.*

Smoothie „Morgenröte" Blütenköpfe vom Roten Wiesen-Klee waschen und mit geputzter Roter Bete, Äpfeln und geschälten Bananen sowie Wasser und Zitronensaft im Mixer zu einem Smoothie verarbeiten.

XVIII, 3. 106. Leguminosae.

429. *Trifolium pratense* L. **Rotklee.**

Wiesen-Labkraut

Galium mollugo

Pflanzenporträt

Das Wiesen-Labkraut gehört zur Pflanzenfamilie der Rötegewächse (Rubiaceae). Das seltenere, eng verwandte „Echte Labkraut" (Galium verum) blüht grünlich-gelb, ist ebenfalls stark duftend und gleich beblättert wie das Wiesen-Labkraut. Es kann genauso in der Küche verwendet werden und ist im Bild auf Seite 70 zu sehen.
Sein Kraut wurde früher bei der Verarbeitung von Milch verwendet. Das in der Pflanze enthaltene Labenzym setzte man bei der Käseherstellung zur Gerinnung der Milch ein. Heute dagegen wird Lab vor allem aus den Mägen von Kälbern gewonnen.

Wuchs und Aussehen Aus einem ausdauernden Wurzelstock treibt das Labkraut jedes Jahr neu aus; es zählt daher zu den Stauden. Die Triebe werden 60 cm bis maximal 1 m hoch und enden in locker angeordneten, stark verzweigten Blütenständen, die aus vielen, winzig kleinen Blüten bestehen. Diese sind etwa 3 mm groß und weiß bis cremefarben. Die Blüten verströmen einen intensiven, süßlichen Duft, der besonders bei größeren Labkrautbeständen und feuchtem Wetter schwer in der Luft liegen kann. Doch auch schon vor der Blütezeit ist das Labkraut leicht an seiner Belaubung zu erkennen: An dem glatten und vierkantigen Stängel stehen in regelmäßigen Abständen Blattquirle, die von sechs bis neun Blättchen gebildet werden. Die einzelnen Blättchen sind sehr schmal, lanzettförmig und weisen eine durchgehende Mittelrippe auf.

Typisch: Sie erkennen das Labkraut an der Anordnung der Blätter, die den Stängel der Pflanze rundherum umfassen – wie die Speichen eines Rads.

Vorkommen In Mitteleuropa ist das Labkraut sehr weitverbreitet. Es bevorzugt sonnige Standorte auf wenig gemähten Wiesen und wächst an Wegrändern, Feldrainen und auf der Sonnenseite von Hecken. Auf kalkhaltigen, nährstoffreichen und tiefgründigen Böden ist es besonders gut zu finden.

Charakteristische Inhaltsstoffe Neben dem Labenzym enthält das Labkraut reichlich ätherisches Öl, Gerbstoffe, Mineralstoffe und Spurenelemente.

Vorbeugen und Heilen mit Wiesen-Labkraut Die Nieren werden in ihrer Tätigkeit angeregt, daher berichtet die Naturheilkunde von der entwässernden Wirkung des Labkrauts. Zudem unterstützt es die Lymphe bei der Entschlackung.

Sammeltipps

Mit kleinen, auch im Winter erstaunlich grünen Trieben überdauert dieses Wildgemüse die kalte Jahreszeit und ist somit auch im Winter gut zu finden.

Verwendete Pflanzenteile und Erntezeit Sowohl die Blätter als auch die Blüten des Labkrauts sind essbar. Die Pflanzentriebe können Sie fast das ganze Jahr über ernten. In der Zeit von Dezember bis März ist der Sammelaufwand zwar erheblich größer – aber möglich. Im April gestaltet sich die Ernte am einfachsten, weil jetzt die jungen, zarten Triebe komplett gesammelt werden können. Später sollten Sie sich auf die Spitzen beschränken, da die unteren Abschnitte der Stängel hart und faserig werden. Nach dem Mähen wachsen allerdings wieder frische Triebe nach, die genauso zart sind wie im Frühling. Diese können auch im Sommer und Herbst komplett abgeerntet werden. Wenn im Frühsommer gemäht wurde, treibt das Labkraut wieder aus, bildet dann aber kürzere Stängel und kleinere Blütenstände. Die Hauptblütezeit der Pflanze ist Ende Juni bis Mitte Juli. An den stark verzweigten Haupttrieben finden sich bis in den Spätsommer hinein Nachzüglerblüten an den Seitentrieben.

Blätter und Triebspitzen	Hauptsaison für die jungen Blätter ist April bis Oktober, Triebspitzen gibt es fast das ganze Jahr über
Blüten	Juni – Juli

Rezepte

Labkraut-Gemüse Die jungen Triebspitzen und die Blätter des Labkrauts gründlich waschen, dann grob mit einem Wiegemesser zerkleinern. Feine Zwiebelwürfel in gutem Speiseöl glasig andünsten und das Gemüse zugeben. Mit etwas Flüssigkeit ablöschen – je nach Geschmack mit Gemüsebrühe, Weißwein, Wasser oder Sahne. Zum Würzen eignen sich Salz, Pfeffer, Knoblauch und mediterrane Kräuter. Für die asiatische Variante werden Ingwer, Chili, Currypulver, Gram Masala und Sojasauce verwendet. Als Beilagen passen Reis oder Hirse.
Labkraut kann als einzelnes Wildgemüse oder auch als Mischgemüse zubereitet werden – zusammen mit Giersch, Brennnessel, Gänsedistel, Löwenzahn oder Vogelmiere.

Rezept-Tipp: *Gemüsezubereitungen wie diese eignen sich hervorragend zum Füllen von Gartenfrüchten wie Tomaten, Paprika, Zucchini und Auberginen, als pikanter Belag für einen Gemüsekuchen oder als Strudelfüllung.*

Labkraut-Salat Die zarten Triebspitzen und Blättchen gründlich säubern, mithilfe einer Salatschleuder trocknen und in mundgerechte Stücke schneiden. Da die Oberfläche von Stängeln und Blättern sehr glatt ist, ist ein besonders dickflüssiges und cremiges Dressing am besten, das gut an den Pflanzenteilen haften bleibt. Passend sind hier zum Beispiel eine Sahne-Senf-Sauce mit Balsamessig, Salz, Pfeffer und frischem Knoblauch oder ein abgewandeltes „Thousand-Island-Dressing" aus Tomatenmark, Mayonnaise, Salz, Pfeffer, Zitronensaft oder Essig.

Labkraut-Gelee Die Zubereitung eines Labkraut-Gelees erfolgt an zwei aufeinanderfolgenden Tagen. Nach der Ernte der stark duftenden Blütenstände werden diese nicht gewässert, sondern lediglich auf Insekten hin kontrolliert. Das Wässern würde einen großen Verlust an Duft- und Aromastoffen zur Folge haben! Anschließend die Blütenstände klein zupfen und grobe Stängel aussortieren. Einen Messbecher von einem Liter Inhalt mit den Blüten füllen. Diese Menge in einen Topf geben und mit 1,5 l reinem, möglichst weichem Trinkwasser übergießen und mit einem passenden Deckel versehen. Nur kurz erhitzen, nicht kochen und schnell vom Herd ziehen, um die Blüten über Nacht ziehen zu lassen. Am nächsten Tag die Blüten-Wasser-Mischung durch ein Sieb abgießen und das so gewonnene Duftwasser mit Gelierzucker oder einem Gemisch aus normalem Zucker, Apfelpektin und Zitronensaft zu einem Gelee einkochen.

Labkraut-Sirup und -Limonade Wenn das obige Rezept statt mit Gelierzucker oder Zucker-Apfelpektin-Gemisch mit einfachem Zucker hergestellt wird, entsteht ein Sirup. Noch aromatischer wird dieser bei der Verwendung von Rohrohrzucker. Der so zubereitete Labkraut-Sirup eignet sich zur Herstellung von duftig-erfrischenden Kräuterlimonaden (einfach mit kohlesäurehaltigem Mineralwasser oder mit stillem Wasser aufgießen) oder zur Verfeinerung von Süßspeisen.

Labkraut-Bowle Die Triebspitzen vom Labkraut in frischem Wasser kurz zum Kochen bringen, vom Herd nehmen und für mindestens zwei Stunden ziehen lassen (auch über Nacht). Dann den Sud abgießen und mit Apfelsaft, Wasser oder Weißwein verdünnen und kühl stellen. Kohlesäurehaltige Getränke wie Sekt oder Mineralwasser erst kurz vor dem Servieren dazugießen.

Tipp zur Kühlung Ihrer Getränke im Sommer: *Kleine Teile des Labkraut-Blütenstandes in eine Eiswürfelform legen und mit Wasser auffüllen.*

Duft- und Schlafkissen Je nach Kissengröße jeweils 1–3 Handvoll Labkrautblüten, Baldrianblüten und Hopfenzäpfchen ausreichend trocknen. Danach in einen gut verschließbaren Baumwollkissenbezug füllen. Wahlweise können noch Zirbenholzspäne hinzugefügt werden. Das Schlafkissen in Kopfnähe legen und die Düfte sanft wirken lassen.

Vorräte anlegen

Die hier vorgestellten essbaren Wildpflanzen haben zwar eine sehr lange Erntezeit, ja manche stehen uns sogar in der einen oder anderen Form das ganze Jahr über zur Verfügung, aber wie man es auch dreht und wendet – die kalte Jahreszeit stellt für den Sammler eine Zäsur dar. Wer auch bei gefrorenem Boden und geschlossener Schneedecke nicht auf wildes Gemüse verzichten möchte, kann daher vorsorgen und Vorräte anlegen. Ich stelle Ihnen daher im Folgenden die wichtigsten Methoden vor, mit denen Sie das Wildgemüse auf einfache Weise haltbar machen können:

Lagern

Sie können sich leicht einen Vorrat an Löwenzahnwurzeln oder Bärlauchzwiebeln anlegen. Wie bei Möhren, Sellerie und Roter Bete, die so einige Monate lang aufbewahrt werden können, gibt man die frisch ausgegrabenen Pflanzenteile in eine Kiste mit trockenem Quarzsand, der mit etwas torffreier Pflanzenerde oder Kokossubstrat vermischt wird. Dazu die unterirdischen Pflanzenteile im November mit einem Spaten ernten. Entfernen Sie das Laub, da es zum Faulen neigt. Legen Sie dann das Gemüse in die vorbereiteten Kisten, sodass es vom Substrat bedeckt ist. Gelagert wird an einem kühlen, dunklen Ort – ein nicht zu warmer Keller mit relativ hoher Luftfeuchtigkeit ist ideal. Hier hält sich das Gemüse problemlos bis Anfang März. Auf diese Weise haben Sie einen griffbereiten Vorrat, der jederzeit verfügbar ist.

Da es in unseren Breiten kaum vorkommt, dass der Erdboden drei Monate lang durchgehend gefroren ist und es zudem im Frühjahr die größte Freude bereitet, frische Pflanzen zu sammeln, ist es ratsam, nicht zu viele Vorräte anzulegen.

Trocknen

Die schonendste und auch umweltfreundlichste Weise, um Blattgemüse und Blüten haltbar zu machen, ist das Trocknen. Die getrockneten Pflanzenteile werden vor der Zubereitung einige Stunden oder besser über Nacht in etwas Wasser eingeweicht und können danach wie frisches Kraut mit dem Einweichwasser in der Küche verwendet werden.

Bei dieser Methode bleiben alle Nähr- und Vitalstoffe erhalten – sofern man beim Trocknen darauf achtet, dass die Temperatur 40 °C nicht übersteigt. Trocknen Sie zunächst die gesunden, gewaschenen Blätter und Blüten je nach Festigkeit in der Salatschleuder oder durch vorsichtiges Abtupfen mit einem Küchentuch. Dann werden die Pflanzenteile nebeneinander auf einen luftdurchlässigen Rost in der Nähe eines Ofens gelegt. Es ist auch möglich, bei geringster Umlufthitze im Backofen zu trocknen. Falls keine Umluftfunktion zur Verfügung steht, einfach den Backofen auf niedrisgte Temperatur stellen und einen Kochlöffel in die Klappe des Backofens stecken, damit die Feuchtigkeit entweichen kann. Profis benutzen einen Dörrapparat. In jedem Fall ist darauf zu achten, dass der Trocknungsvorgang möglichst schnell vorangeht, nicht unterbrochen wird und die Temperatur die besagten 40 °C keinesfalls übersteigt. Vor allem in der Nähe eines Ofens kann dies leicht passieren, daher sollten Sie die Temperatur genau kontrollieren. Die Blätter werden so lange getrocknet, bis sie bei Berührung rascheln.

Direkt nach Abschluss des Trocknungsvorganges wird die Ernte abgefüllt. Um Platz in den luftdichten Vorratsdosen oder Schraubgläsern zu sparen, können Sie die „Raschelblätter" vor dem Abfüllen leicht rebeln, also zwischen den Handflächen in kleinere Stückchen zerreiben. Die Behälter werden beschriftet und an einem dunklen, trockenen Ort gelagert.

Frosten

Zum Einfrieren säubern Sie zunächst das frische Blattgemüse und überbrühen es mit kochendem Wasser. Dann gut abtropfen lassen, klein schneiden, abkühlen lassen und portionsweise in beschriftete Gefrierbeutel abfüllen. Auch hier gilt: nicht zu viele Portionen einfrieren – ab März gibt es wieder frische Kost!

Einlegen

– in Öl

Das Einlegen in Öl eignet sich nicht unbedingt als Konservierung für größere Mengen an Wildgemüse, da gute Öle dafür zu teuer sind und die daraus zubereiteten Gerichte auch zu kalorienreich geraten würden. Vielmehr entstehen kleine und feine Delikatessen, wie zum Beispiel in Öl eingelegte Blüten vom Gänseblümchen oder eingelegte Blütenknospen vom Löwenzahn (Rezept: siehe Gänseblümchen, Seite 35). In Öl eingelegt, kühl und dunkel aufbewahrt, kann sich das Wildgemüse bis zu einem Jahr halten. Voraussetzung dafür ist, dass die Gläser und Deckel vorher ausgekocht wurden und absolut sauber sind. Verschimmeltes Einmachgut muss weggeworfen werden.

– in Essig

Ähnlich verhält es sich mit dem Einlegen in Essig. Obwohl die Kosten für Essig geringer sind als für kalt gepresste Öle, so stellen auch die in Essig eingelegten Lebensmittel eher eine willkommene geschmackliche Abwechslung als ein Grundnahrungsmittel dar (Rezept: siehe Wegerich-Kapern, Seite 27). Auch das in Essig eingelegte Wildgemüse ist bis zu einem Jahr haltbar (Voraussetzungen: siehe oben).

– milchsauer

Das milchsaure Einlegen ist neben dem Trocknen die schonendste und ernährungsphysiologisch wertvollste Methode der Konservierung! Zudem wird, beispielsweise im Gegensatz zum Einfrieren, kaum Energie benötigt, was Kosten spart und die Umwelt schont. Blattgemüse wird von alters her milchsauer eingelegt. Den meisten von uns ist das heute nur noch vom Sauerkraut bekannt. Als notwendige Ausrüstung benötigen Sie einen Topf aus Steingut oder ein Holzfass und einen kühlen Keller, in dem das Gemüse während des Winters stehen kann (Rezept: siehe Giersch, Seite 43).

Wie funktioniert diese Methode? Die überall in der Luft und auch auf den Blättern lebenden Milchsäurebakterien werden dazu benutzt, den im Gemüse enthaltenen Zucker durch einen kontrollierten Gärvorgang in Milchsäure umzuwandeln – das Gemüse wird so haltbar. Dabei werden die im Gemüse enthaltenen Nähr- und Vitalstoffe schonend aufgeschlossen und stehen uns beim Verzehr ohne Verluste zur Verfügung. Bei der Gärung entsteht zusätzliches Vitamin C und Vitamin B_{12}. Das Gemüse wird zudem leichter verdaulich. Die Milchsäurebakterien schützen nützliche Darmbakterien und hemmen gleichzeitig Krankheitserreger im Darm. Regelmäßiger Genuss stärkt die Abwehrkräfte und soll eine natürliche Vorbeugung gegen Krebs sein. Die gesundheitlichen Vorteile beziehen sich besonders auf das ungekochte Kraut.

Einkochen

Sämtliche Blatt- und Wurzelgemüse können auch eingekocht werden. Diese Methode wird Sterilisieren genannt. Dabei setzt man nicht, wie beim milchsauren Einlegen, auf die kontrollierte Partnerschaft mit erwünschten Mikroorganismen, sondern darauf, diese während des Kochens unwirksam zu machen – um das Gemüse auf diese Weise zu konservieren. Dadurch ist eingekochtes Gemüse ernährungsphysiologisch weniger wertvoll als milchsauer eingelegtes. Voraussetzung für die Haltbarkeit sind vorab ausgekochte und somit keimfreie Gläser und eine entsprechend lange Einkochzeit.

Als Ausrüstung benötigen Sie neben speziellen Einmachgläsern und Dichtungsringen einen großen Kochtopf mit Deckel und ein langes Thermometer. Wer häufiger einkocht, kann sich den Kauf eines Einkochtopfes überlegen, der ein aufwendiges Kontrollieren der Temperatur erspart. Mit diesem erhalten Sie auch eine Anleitung, welches Gemüse bei welcher Temperatur wie lange einzukochen ist. Auch in alten oder speziellen Gemüsekochbüchern werden Sie zu diesem Thema fündig. Da die Konsistenz von Wildgemüse mit der des Grünkohls vergleichbar ist, lassen sich die dort angegebenen Werte für die Zubereitung übernehmen: Dazu das Gemüse einige Minuten vorab in einem Topf kochen, dann in die Gläser füllen und den Topf bis zur Höhe des Einmachguts mit Wasser auffüllen. Langsam erhitzen und bei 100 °C etwa 90 Minuten einkochen. Wichtig ist, dass die Gläser gleich groß sind und sich nicht berühren dürfen (für Töpfe gibt es dafür besondere Einsätze). Alternativ kann auch im Backofen bei 100 °C bis zu zwei Stunden eingekocht werden: Dafür die Fettpfanne mit Wasser füllen, die Gläser in ausreichendem Abstand darauf platzieren und auf der untersten Schiene in den Ofen schieben. Eventuell kann die Einkochzeit reduziert werden – das richtet sich nach der Größe der Gläser und der Festigkeit der Wildpflanze.

Ein Park voller essbarer Wildpflanzen

Es begann mit einer Idee, angelehnt an die Allmende des Mittelalters, Plätze für Menschen zu schaffen, die sich gesund mit Unterstützung von frischen Wildpflanzen ernähren möchten, auch wenn sie keinen eigenen Garten besitzen. Eine Art moderner und zeitgemäßer sozialer Ausgleich und es sollte hier auch im Hinblick auf die Biodiversität etwas Sinnvolles, Neues entstehen: Ein Platz in der Natur, an dem lauter essbare Wildpflanzen – von Kräutern über Stauden bis zu Sträuchern und Bäumen – in Ruhe und jenseits von agrar-industrieller Flächennutzung und -optimierung gedeihen und wachsen können. Die Stiftung für essbare Wildpflanzen-Parks, kurz Ewilpa®, wurde ins Leben gerufen!

Diese Oasen bieten wertvolle Lebensmittel, die den Namen auch verdienen und eine aktive Gesundheitsvorsorge darstellen. Dazu wird immer frisch geerntet, was die Region und Saison gerade bieten und das Ganze ohne Plastikverpackungen, Kühlketten und lange Transportwege. Darüber hinaus eignen sich die Orte als grünes Klassenzimmer, das hautnah das Erlebnis einer sinnvollen Umweltbildung ermöglicht. Generationenübergreifend kann man sich dort austauschen und treffen – auch, um sich einfach nur in unberührter Natur zu erholen. Eine ganz besondere Chance für Gemeinden, um sich die Vorteile eines sanften Tourismus zu eigen zu machen.

Zudem bieten Ewilpas ideale ökologische Ausgleichsflächen, dienen der Heimatpflege und unserer Kulturlandschaft, indem in ihnen die kontrollierte Verwilderung von einheimischen Wildpflanzen vorangetrieben wird. Diese Biotope sind ein aktiver Lebensraum für Bienen, Nutzinsekten und Wildtiere aller Art.

2015 initiierte der Autor dieses Buches die Stifung Ewilpa. Inzwischen sind erste Parks entstanden, es sollen aber immer mehr werden. Ziel ist es, 4000 solcher Naturräume zu schaffen. Um dies verwirklichen zu können, bedarf es Flächen von ausreichender Größe in Siedlungsnähe, die eine gute Erreichbarkeit mit Radwegen und/oder öffentlichen Verkehrsmitteln haben. Ideal wäre es, wenn eine Küche mit Seminarraum dabei ist. Denn am allerschönsten ist das Natur- und Ernteerlebnis, wenn man hinterher gemeinsam zusammensitzt und die Geschenke des Parks in Form von frisch zubereiteten Speisen genießt.

Beispielhafter Aufbau eines Wildpflanzenparks

1 See
2 Feuchtwiese
3 Streuobstwiese
4 Acker-Brache für Wildgemüse
5 Wildgemüse-Stauden
6 Wildkräuterwiese
7 Beeren
8 Trockenbiotop
9 Küchen- und Heilkräuter
10 Baum-Hain
11 Wildfrucht-Hecken
12 Wildfrucht-Allee
13 Feuerstelle
14 Ökohaus
15 Eingangsbereich

Die Stiftung vernetzt und verbindet Grundstücksbesitzer, (Bio-)Landwirte, Permakultur-Betreibende, fachkundige Kräuter- oder Wildpflanzenpädagogen, Städte und Gemeinden, Naturschutzverbände, Vereine und schließlich Menschen wie dich und mich.

Mehr über bereits eröffnete Ewilpas, weitere geplante Projekte sowie interessante Vorträge gibt es auf **www.ewilpa.net.**

Ewilpa
Stiftung
EssbareWildpflanzenParks

In derselben Reihe lieferbar

Köstliches von Hecken und Sträuchern

bestimmen, sammeln und zubereiten

Berberitze/Sauerdorn, Felsenbirne, Haselnuss, Heckenrose, Holunder, Kirschpflaume, Kornelkirsche, Mispel, Sanddorn, Schlehe/Schwarzdorn, Vogelbeere/Eberesche und Weißdorn.
88 Seiten mit Erntekalender, 45 Natur-, Pflanzen- und Foodbildern sowie historischen Zeichnungen, Klappenbroschur, ISBN 978-3-7750-0812-9.

Köstliches von Waldbäumen

bestimmen, sammeln und zubereiten

Birke, Buche, Eiche, Esskastanie, Fichte/Nadelbäume, Robinie, Sommerlinde, Spitz-Ahorn, Vogelkirsche und Walnuss.
80 Seiten mit Erntekalender, 51 Natur-, Pflanzen- und Foodbildern sowie historischen Zeichnungen, Klappenbroschur, ISBN 978-3-7750-0802-0.

Köstliches aus Feuchtgebieten

bestimmen, sammeln und zubereiten

Bachbunge, Bach-Nelkenwurz, Brunnenkresse, Kohldistel, Mädesüß, Schilf, Indisches Springkraut, Wald-Engelwurz, Kleine Wasserlinse, Wiesen-Bärenklau, Wiesen-Knöterich und Wiesen-Schaumkraut.
88 Seiten mit Erntekalender, ca. 60 Natur-, Pflanzen- und Foodbildern sowie historischen Zeichnungen, Klappenbroschur, ISBN 978-3-7750-0821-1.

Die 12 besten Beeren aus Wildsammlung und aus dem Garten

Von Aronia bis Maulbeere, von Bocksdorn (Goji) bis Wald-Erdbeere: Pflanzenporträts, Sammel- und Anbautipps sowie Rezepte für eine genussvolle, abwechslungsreiche Selbstversorgung aus der Natur.
96 Seiten mit Erntekalender, 50 Natur-, Pflanzen- und Foodbildern sowie historischen Zeichnungen, Klappenbroschur, ISBN 978-3-7750-0811-2.

In derselben Reihe lieferbar

Die 12 besten essbaren Pionierpflanzen

bestimmen, sammeln und zubereiten

Selbst auf kargen Böden oder zwischen Felsritzen finden die Ersten der Pflanzenwelt noch ein Plätzchen: Acker-Hellerkraut, Barbarakraut (Winterkresse), Beifuß, Weißer Gänsefuß, Hirtentäschel, Große Klette, Knopfkraut, Wilde Malve, Nachtkerze, Rainkohl, Gelber Steinklee und Wegwarte.

88 Seiten mit Erntekalender, 46 Natur-, Pflanzen- und Foodbildern sowie historischen Zeichnungen, Klappenbroschur, ISBN 978-3-7750-0822-8 .

Wilder Mix

Grüne Smoothies & Desserts mit Wildpflanzen

Rohköstlich-vegane Rezepte mit Wildkräutern für grüne Smoothies, Pestos, kalte Suppen, Eis, Sorbet und Desserts. Mixertechnik, Tipps für den Alltag, über 30 Wildpflanzen mit je einem Basisrezept und Variationen, Sammelhinweise und Gesundheitstipps, wichtigste Inhaltsstoffe und passende Superfoods auf einen Blick.

80 Seiten, 64 Fotos, Klappenbroschur, ISBN 978-3-7750-0689-7.

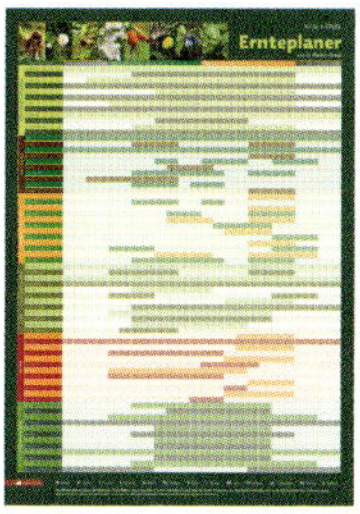

Ernteplaner

Mit Natur & Genuss durchs Jahr

Übersichtlicher Selbstversorger-Ernteplaner als Poster für die Küche, basierend auf der Buchreihe „Natur & Genuss" zeigt auf einen Blick, was wann gesammelt werden kann: essbare Blüten, Blätter, Wurzeln, Knospen und Früchte von Wildpflanzen, Waldbäumen, Hecken und Sträuchern, Sumpf- und Wasserpflanzen. Klimaneutral, nach dem Cradle-to-Cradle-Prinzip mit Ökofarben produziertes Poster DIN A2,

ISBN 978-3-7750-0795-5.

Literatur

Bäumler, S.: Heilpflanzenpraxis heute. Elsevier, München 2012.
Fleischhauer, S.: Enzyklopädie der essbaren Wildpflanzen. AT Verlag, Aarau 2013.
Franke, W.: Wildgemüse. AID, Bonn 1987.
Franke, W.: Nutzpflanzenkunde. Nutzbare Gewächse der gemäßigten Breiten, Subtropen und Tropen. Thieme Verlag, Stuttgart 1997.
Louis, L.: Wilde Waldküche. Hädecke Verlag, Weil der Stadt 2014.
Machatschek, M.: Nahrhafte Landschaft 3. Böhlau, Wien 2015.
Machatschek, M.: Speisekammer aus der Natur: Bevorratung und Haltbarmachung von Wildpflanzen. Böhlau, Wien 2015.
Matz, B. / Strauß, M.: Für Dich ist gesorgt! Nymphenburger bei Franckh Kosmos, Stuttgart 2024.
Rothmaler, W.: Exkursionsflora von Deutschland, Band 3: Atlas der Gefäßpflanzen. Verlag Volk und Wissen, Berlin 1991.
Schilcher, H.: Kleines Heilkräuter-Lexikon. Hädecke Verlag, Weil der Stadt 2008.
Schmeil, O. und Fitschen, J.: Flora von Deutschland. Quelle & Meyer Verlag, Heidelberg 1988.
Storl, W.D.: Heilkräuter und Zauberpflanzen zwischen Haustür und Gartentor. AT Verlag, Aarau 2018.
Strauß, M.: Artgerecht. Franckh Kosmos, Stuttgart 2018.
Strauß, M.: Die Wald-Apotheke. Droemer Knaur, München 2017.
Strauß, M.: Die Wald-Apotheke (immerwährender Kalender). Droemer Knaur, München 2019.
Strauß, M.: Die Wildpflanzen-Apotheke. Droemer Knaur, München 2020.
Strauß, M.: Die Wildpflanzen-Apotheke. (immerwährender Kalender), Droemer Knaur, München 2021.
Strauß, M.: Immunbooster Natur – Mit Wildpflanzen das Immunsystem auf Vordermann bringen. Droemer Knaur, München 2021.
Stumpf, U.: Heilpflanzen und ihre giftigen Doppelgänger. Franckh Kosmos, Stuttgart 2023.